LANDSCAPE RECORD
景观实录

社长/PRESIDENT	宋纯智 scz@land-rec.com	
主编/EDITOR IN CHIEF	吴 磊 stone.wu@archina.com	
编辑部主任/EDITORIAL DIRECTOR	宋丹丹 sophia@land-rec.com	
编辑/EDITORS	殷文文 lola@land-rec.com 张 靖 jutta@land-rec.com 李 红 mandy@land-rec.com 张昊雪 jessica@land-rec.com	
网络编辑/WEB EDITOR	钟 澄 charley@land-rec.com	
美术编辑/DESIGN AND PRODUCTION	何 萍 pauline@land-rec.com	
技术插图/CONTRIBUTING ILLUSTRATOR	李 莹 laurence@land-rec.com	
特约编辑/CONTRIBUTING EDITORS	邹 喆 高 巍 李 娟	
编辑顾问团/ADVISORY COMMITTEE	Patrick Blanc, Thomas Balsley, Ive Haugeland Nick Wilson, Lars Schwartz Hansen, Juli Capella, Elger Blitz, Mário Fernandes 王向荣 庞 伟 孙 虎 何小强 黄剑锋	
运营中心/MARKETING DEPARTMENT	上海建盟文化传播有限公司 上海市飞虹路568弄17号	
运营主管/MARKETING DIRECTOR	刘梦丽 shirley.liu@ela.cn (86 21) 5596-8582 fax: (86 21) 5596-7178	
对外联络/BUSINESS DEVELOPMENT	刘佳琪 crystal.liu@ela.cn (86 21) 5596-7278 fax: (86 21) 5596-7178	
运营编辑/MARKETING EDITOR	李雪松 joanna.li@ela.cn	
发行/DISTRIBUTION	袁洪章 yuanhongzhang@mail.lnpgc.com.cn (86 24) 2328-0366 fax: (86 24) 2328-0366	
读者服务/READER SERVICE	宋丹丹 sophia@land-rec.com (86 24) 2328-4369 fax: (86 24) 2328 0367	

图书在版编目（CIP）数据

景观实录：线性公园 /（美）大卫·弗莱彻编；李婵，张海会译.
－ 沈阳：辽宁科学技术出版社，2017.10
ISBN 978-7-5591-0444-1

Ⅰ．①景… Ⅱ．①大… ②李… ③张… Ⅲ．①城市公园－景观
设计 Ⅳ．① TU986.2

中国版本图书馆CIP数据核字（2017）第243258号

景观实录Vol.5/2017.10

辽宁科学技术出版社出版/发行（沈阳市和平区十一纬路25号）
各地新华书店、建筑书店经销

开本：880×1230毫米 1/16 印张：8 字数：100千字
2017年10月第1版 2017年10月第1次印刷
定价：**48.00元**
ISBN 978-7-5591-0444-1
版权所有 翻印必究

辽宁科学技术出版社 www.lnkj.com.cn
《景观实录》 http://www.land-rec.com

Please Follow Us

《景观实录》官方网站
http://www.land-rec.com

《景观实录》官方新浪微博
http://weibo.com/LnkjLandscapeRecord

《景观实录》官方腾讯微博
http://t.qq.com/landscape-record

《景观实录》官方微信公众平台 微信号：
landscape-record

U0352446

媒体支持：

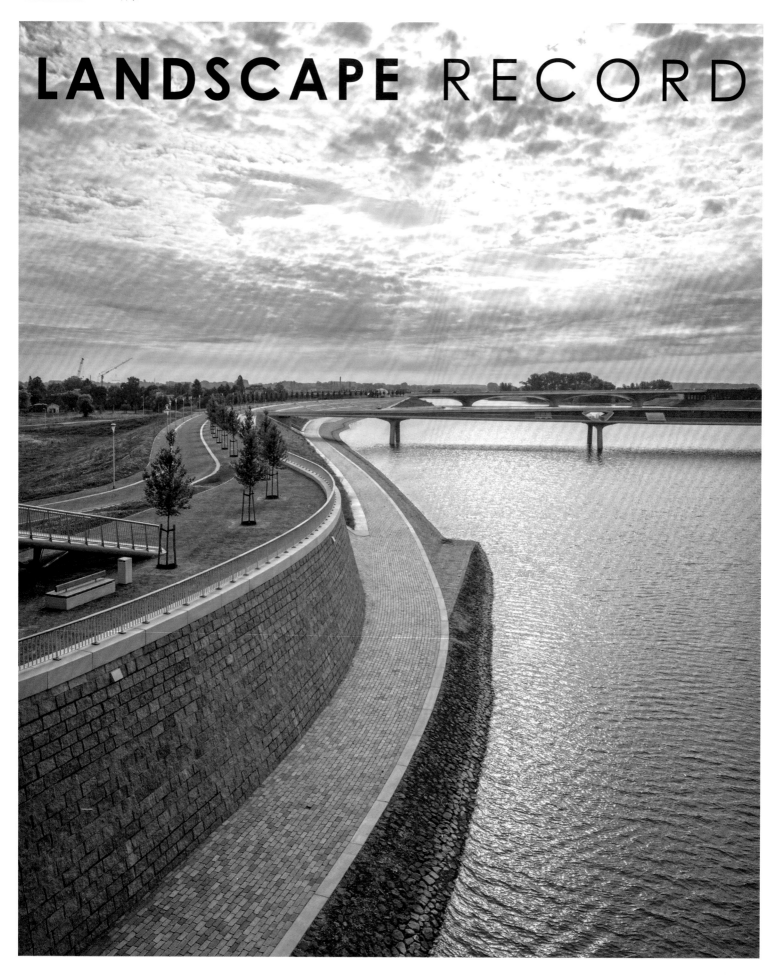

LANDSCAPE RECORD

Vol. 5
2017.10

封面：东艾尔河畔花园与原始河道复兴，Group Superpositions 事务所提供。

对页：I–Lent滨河公园——奈梅亨河道改造，H+N+S景观事务所提供。

本页：咸水湾，TRACT咨询公司提供。

莱克伍德拉玛尔车站"户外教室"获得IDEAS2奖

美国科罗拉多州莱克伍德市拉玛尔车站"户外教室"项目(Lamar Station Classroom for Urban Farming)近日获得美国国家级的"2017年建筑工程创新设计奖"(Innovative Design in Engineering and Architecture)之下的"钢结构设计奖"(IDEAS2)。

普渡大学博文实验室(Bowen Laboratory, Purdue University)结构工程系在读博士生、在奖项评选中担任学生组评委的April Y. Wang表示:"设计通过对钢材具有独创性的利用,创造了一个半封闭结构,其内部既开放,又隐蔽。"

这个项目的目标是向附近居民宣传"城市农耕",这些居民居住在以公共交通为导向的开发区(TOD),身心都已远离农耕。同时,这里也能为环境保护宣传和青年人的活动提供场地。设计要求中提出,这个结构要有一面不透明的墙,保护教室里的隐私(教室毗邻通向轻轨电车的一条小路)。在这个方案中,这一点通过垂直方向的钢条格栅来实现。因此,教室外表皮结构分明,既达到了所要求的透明度,又营造出一种动感,同时也是整个结构绝大部分重量的支撑。

项目团队成员包括:

• 业主:莱克伍德西铁住宅开发公司(Metro West Housing Solutions)

• 总承建商/建筑设计:丹佛科罗拉多建筑工作室(ColoradoBuildingWorkshop)

• 结构工程:柯林斯堡结构工程公司(Structuralist)

2017年,IDEAS2奖项评选委员会从全美国境内提交的将近100份方案中评选出13个获奖作品,提交方案的有建筑公司、工程公司以及其他相关行业公司。每个方案都经过评委会的评估,最终的获奖名单由一支得到美国全国认可的、由建筑界专家组成的评审小组决定。

IDEAS2奖可以追溯到50多年前,是美国钢结构协会(AISC)下属的一个奖项。关于今年获奖的"户外教室"项目,AISC主席查理•卡特博士(Charlie Carter)表示:"这个设计真的会把你吸引进去。看到它,我就会回想起大学时代,每当天气极好的时候,我们就会问可不可以到外面上课。"

2017年世界建筑节即将开幕

2017年第十届世界建筑节(World Architecture Festival, 简称WAF)将于11月15至17日在德国柏林竞技场(Arena Berlin)举办。官方宣布本届大会的主题是"建筑表现"(Performance)。

世界建筑节是全世界建筑界的一次盛会,为来自全球各地的建筑领域人士提供交流和学习的机会。它是全球最高级别的建筑盛会,建筑行业最具影响力的人物将在这里发表演说,现场提出建筑评论和批评,评选出400多个奖项,彼此建立更紧密的交流合作关系。每届大会会展出500个优秀项目,可以说是一次国际建筑设计成果展览会。

今年大会的实地参观活动将围绕"建筑表现"这个主题来安排,包括参观德国著名建筑师汉斯•夏隆(Hans Scharoun)设计的柏林爱乐音乐厅(Berlin Philharmonie)——这个项目提出了观众围坐在四周倾听演奏这种理念,于1963年竣工。其他的参观地点还包括:格哈德•施潘根贝格(Gerhard Spangenberg)设计的新派演艺中心Radialsystem V(从前是个泵站,现已改造成一个现代舞及音乐会场)以及弗兰克•盖里(Frank Gehry)设计的皮埃尔•布列兹音乐厅(Pierre Boulez Concert Hall)。在宣布2017年大会的主题时,WAF组委会负责人保罗•芬奇(Paul Finch)表示:"今年我们将全方位地探讨建筑在各方面的表现,包括美学表现、技术表现、经济表现和心理表现等。我们会讨论为'表现'而设计的建筑,比如剧院和音乐厅,也会讨论建筑在我们的生活和城市中表现出的功能。"

为庆祝今年的第十届建筑节,组委会还特别发表了"WAF宣言"。宣言中指出未来十年中建筑师会面临的主要难题,包括:气候问题、能源和碳排放、水资源问题、老龄化和健康问题、再利用问题、智能城市技术、建筑技术、文化认同、伦理和价值、权力和公正、虚拟世界。

worldarchitecturefestival.com

美国wHY事务所赢得爱丁堡罗斯馆设计竞赛

英国罗斯开发基金会（The Ross Development Trust）与爱丁堡市政府日前宣布，罗斯馆国际设计竞赛（Ross Pavilion International Design Competition）的获奖者是由美国wHY事务所带领的设计团队。

罗斯馆和西王子街花园（Ross Pavilion and West Princes Street Gardens）项目预计投资2500万英镑。竞赛耗时五个月，收到来自22个国家的共计125支设计团队（涉及约400家公司）提交的第一阶段设计方案。

在竞赛的第二阶段，获得提名的团队进一步提交了更详细的概念设计，包括作为地标的罗斯馆、带咖啡厅的游客中心以及对周围花园环境的改良设计。罗斯馆将为爱丁堡丰富的文化艺术活动提供一个灵活的平台，让市民和游客全年都能拥有高品质的艺术享受。

竞赛评委会于7月11日对在第一阶段入围的七支团队进行了面审，全体一致同意评选wHY为获胜方。这支团队包括爱丁堡本土的GRAS设计工作室、GRA建筑事务所（Groves-Raines Architects）、奥雅纳工程顾问公司（Arup）、SYK工作室（Studio Yann Kersalé）、O街工作室（O Street）、Stuco工作室、CC创意工作室（Creative Concern）、诺埃尔•金斯伯里园艺工作室（Noel Kingsbury）、TEN工作室（Atelier Ten）和劳伦斯•巴斯工作室（Lawrence Barth）。

获胜方案提出一个有机的、以景观为核心的设计概念，充分尊重周围的历史环境，同时也注重焕活周围的花园环境，方法包括引入一条高低起伏的散步

大道、改良与王子街的衔接、加入造型别致的座椅、营造充满活力的开阔视野。

设计延续了花园原有的地理和历史特征——从原始的火山到维多利亚花园的人造美学。设计将新增的游客中心和蝶形的罗斯馆巧妙布置在既定地形地貌中，确保古老的爱丁堡城堡（Edinburgh Castle）仍然是视野中的主体形象。该方案拟增加花园内的绿化面积（相对于硬景观），用设计团队的话来说，"既有人性化的体量，又有让人惊艳的瞬间……激活花园四个层次的意义：植物性、公众性、纪念性和文化性。"

竞赛评委会高度赞扬了这个概念设计，称其为"一个美好的、极具魅力的方案""为城市天际线和爱丁堡城堡添彩，而不是与之相争"。评委会认为，设计将焕活社区空间，而这一理念符合民主精神，无形中为爱丁堡创立了一个新的、积极的文化标签，同时认为，设计团队在这种宏观的把握中，很好地平衡了整个花园范围内小型休闲空间的设计。

2017年欧洲城市绿色基础设施大会强势来袭

继2015年欧洲城市绿色基础设施大会（EUGIC）在奥地利维也纳成功举办后，今年，EUGIC 2017将于11月29至30日在匈牙利布达佩斯举行。届时，300多名与会者将聚集在这座美丽的欧洲古城。大会地点定在市中心新派的"水族馆中心"（Akvarium）。

当今，全世界的城镇都在尝试着适应大自然，适应气候变化，营造健康的、有弹性的、繁荣兴旺的21世纪城市居住环境。EUGIC 2017邀请了欧洲乃至全世界城市绿色基础设施领域的部分领军人物，共同分享他们与自然合作、建设宜居城市的宝贵经验。

以自然为基础的设计和城市绿色基础设施对欧洲城市的未来发展起到至关重要的作用。EUGIC 2017大会将包括嘉宾演讲、听众讨论、主题小组讨论等环节，涉及城市绿化方方面面的问题。来自欧洲乃至全球以自然为基础的最新设计项目将在会上展出，包括屋顶绿化、绿墙、雨水花园、街道绿化和

其他城市绿化设计等。

小组讨论将涵盖以下论题：

•气候变化、城市与绿色基础设施

•城市绿色基础设施的益处

•2020地平线——下一代以自然为基础的城市绿化

•邂逅绿色基础设施——"闪电约会"

•城市——城市在哪里？又将去往何处？

•故事角1——城市规划项目和工具

•故事角2——城市绿色基础设施定位与评估

•城市绿色基础设施与生物多样性

•欧洲城市基础设施接下来要做什么？

•故事角3——街区、自然与社区

国际空中绿化大会聚焦城市与自然

2017年国际空中绿化大会(ISGC)将于11月9日至10日在新加坡博览中心举行。大会将吸引当地相关行业中的一些中坚力量,就今年的主题分享经验:共生——城市中的自然。

空中绿化,即高层建筑绿化,经过多年的积累,已经在新加坡的许多城市中发展起来,这个概念的深度和广度都得到拓展。建筑平台、开口、角落、屋顶甚至地下空间,对于像新加坡这样土地稀缺的国家来说,已经成为开展绿化的新大陆。自然与城市进入了一种"共生"的关系和状态,在这种关系不断演变的过程中,为满足社区不同的需求,出现了各种新型的景观。

今年的第四届国际空中绿化大会将继续深化对空中绿化概念的探讨。大会关注的课题有:弹性、绿化的新层面以及如何将社会需求融入城市基础设施设计。大会提供了一个开放的平台,我们将从大自然带给我们的挑战中学习经验,比如大自然是如何修改了我们的设计意图、设计结果,甚至是我们绿化项目的基本内容和底线。

科伦坡金融新区规划竞赛结果揭晓

美国SOM建筑事务所(Skidmore, Owings & Merrill)日前赢得了科伦坡一个金融新区的国际竞赛。科伦坡是斯里兰卡最大的城市,这个项目是一个滨水新区。获奖方案的总体规划由英国格兰特景观事务所(Grant Associates)负责。

在中国交通建设股份有限公司的支持和配合下,该方案会将269公顷填海造陆得到的土地彻底改造,变成毗邻科伦坡中央商务区的一个金融新区。设计旨在树立一个南亚商业、旅游和文化的新地标。

总体规划包括码头、运河以及一系列公共绿地,建成后将形成科伦坡全新的天际线轮廓,从城市的各个角落都能看到。步道和中央广场是码头空间的延伸,营造出多样化的公共环境,与科伦坡主要港口和著名的景点加勒菲斯绿地广场(Galle Face Green)相连。

SOM的设计从斯里兰卡的地理条件、生态环境和热带气候着手,结合格兰特景观事务所"港口城市"的规划理念。格兰特事务所在设计中担任景观设计咨询。

SOM和格兰特事务所合作设计的这个方案,由国际评委会一致通过,评选为获胜方案。评委会评价说这个方案展示了"对斯里兰卡的生态和文化环境的极度敏感性"。项目预计2041年竣工。

格兰特景观事务所负责人安德鲁·格兰特(Andrew Grant)表示:"根据科伦坡港口城市这个项目的设计要求,多样化的、吸引人的公共环境是重点。我们与SOM开展了紧密合作,目标是打造一系列绿色空间,既符合科伦坡独特的地理条件,又让新的城市环境融入既定的城市脉络中。"

智利建筑师布拉沃获得2017年惠尔赖特奖

哈佛大学设计研究生院（GSD）近日宣布，2017年惠尔赖特奖（Wheelwright Prize）的得主是智利建筑师塞缪尔•布拉沃（Samuel Bravo），他将获得10万美元的奖金，以支持他对现代建筑设计的研究。他的研究课题"无项目主义——非正式居住区建筑研究（Projectless: Architecture of Informal Settlements）"关注传统建筑和非正式居住区，重新梳理了"没有建筑师的建筑"的概念——这个概念是建筑师、社会历史学家伯纳德•鲁道夫斯基（Bernard Rudofsky）在设计现代艺术博物馆（Museum of Modern Art）1964年的一个展览时提出的。布拉沃计划走访南非、亚洲和非洲的十几个地区进行实地考察，目标是找到将本土的传统建筑技法融入现代建筑项目的方式。

今年的惠尔赖特奖共收到来自45个国家的200多

份报名申请，布拉沃是入围的四名候选人之一，2009年毕业于智利天主教大学（Pontifical Catholic University of Chile），获得建筑学士学位。布拉沃有自己的设计团队，并已经在南美地区设计完成多种类型的项目。设计作品包括：在智利被地震破坏的塔拉帕拉组织以社区为基础的重建工作；与建筑师桑德拉•伊图里加（Sandra Iturriaga）合作，在秘鲁为亚马逊雨林中的锡皮沃人（Shipibo）设计并建造萨满中心（旅馆）和学校以及私人住宅委托项目若干。

布拉沃的研究课题"无项目主义"首先指出，正式建筑只为世界上的少数人服务，而绝大多数人生活在非正式设计的房屋中。鲁道夫斯基曾经评价他1964年的那次展览中的项目"不是由专业人士创造的，而是产生自一群有着共同文化传承的人群在经验引下的自发的持续活动"。布拉沃进一步延伸了这个概念，将其引入他所研究的传统建筑方法中，希望借助这些传统方法，让正式建筑在"无项目的"环境范式下也能成立。这对于一些有问题的居住区在

改造中产生的文化摩擦具有潜在的帮助。

布拉沃的实地考察行程将从亚马孙盆地开始，那里有400多个族群聚居，包括一些至今仍与外界隔绝的部落。接下来，他将去亚马孙平原，走访那里或大或小的十几个聚居地，从秘鲁到哥伦比亚再到巴西。他将观察原始聚居地，当然也有那些在现代社会发展力、资源开采和移民浪潮压力下正在进行现代化建设的居住区。接下来，布拉沃将去往非洲人口正在急速膨胀的繁华地带，比如尼日利亚的格拉斯。最后，他将来到亚洲，计划走访孟加拉国、尼泊尔和印度，并且已经确定了一些准备进行案例分析的地方，从传统的村落到全球性的贫民窟。跟以往的获奖者一样，布拉沃也将获得10万美元的奖金，用于支持其为期两年的考察走访活动。

布拉沃的作品曾在第17届（2010年）和第18届（2012年）智利建筑双年展上展出过，并在第18届被评为评委会精选作品；他的作品也曾在2010年第12届威尼斯双年展国际建筑展的智利馆中展出。他设计的项目曾在许多杂志上发表，比如智利的《建筑研究季刊》（ARQ）和哥伦比亚的《工程与研究》（Engineering + Research）等。布拉沃也是2016年入围惠尔赖特奖的四名候选人之一。

今年，布拉沃接棒2016年的获奖人安娜•普贾纳（Anna Puigjaner），她的研究课题是"没有厨房的城市——建筑体系与社会福利"。她的研究之旅，已经走访的地方包括塞内加尔、马来西亚、泰国和墨西哥，接下来还要去加拿大、俄罗斯、日本、秘鲁以及其他一些地方。

今年是惠尔赖特奖的第五届。惠尔赖特奖是一个面向全球开放的国际奖项，旨在支持刚踏上职业道路的杰出建筑师通过实地走访进行建筑研究。之前的获奖人已经走遍全球，探寻各种问题的答案，涵盖方方面面，包括社会、文化、环境和技术问题等。惠尔赖特奖始于1935年，最初叫做"阿瑟•惠尔赖特游历奖学金"（Arthur C. Wheelwright Traveling Fellowship）。2013年，哈佛大学设计研究生院重新启动了这个奖项，使其变成一个国际性的竞赛，凡之前15年内得到建筑专业学位的人都可以参加。

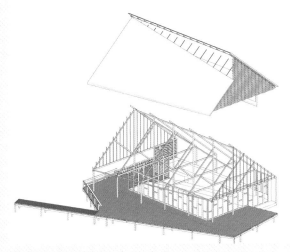

1

日本天理 CoFuFun 车站广场

项目地点：日本，奈良
竣工时间：2017 年
景观设计：Nendo 设计工作室
面积：6000 平方米
摄影：阿野太一（Daici Ano）、远藤公义（Tadashi Endo）、国誉株式会社（KOKUYO）、大田拓美（Takumi Ota）、吉田明博（Akihiro Yoshida）

Nendo 近期参与了日本奈良县天理车站广场的总体规划设计，这是他们首度涉猎公共空间领域。6000 平方米的空间内需要的设计包括：自行车租赁区、咖啡厅、商店、信息亭、游乐区、户外舞台和会议室等一系列空间。该项目旨在振兴当地社区，为人们提供活动场所和休闲设施，并帮助当地传播旅游信息，增强吸引力。

天理市的周边地区有一些日本旧时代的陵墓，被当地人称为"cofun"。这是当地一个美丽的、不容错过的景观，设计师希望将其融入城市日常的生活空间。广场上景观的设计灵感就来源于这些"cofun"，同时也象征着该地区特色的地貌景观——四面环山的奈良盆地。

在建设广场圆形结构的过程中，比萨形的混凝土预制部件装配在一起。由于混凝土预制部件是在工厂中完成制作，然后再运输到现场进行装配，这保证了施工结构的精确。同时模具也可以重复利用，确保合理的施工预算。预制部件的装配采用了桥梁建设中使用的大型起重机。这样的设计可以在不使用柱或梁等结构的情况下创造大型空间。圆形的形态保证了所有方向施力的稳定性，为空间提供了良好的平衡。

1. 圆形结构广场。
2. 信息亭。
3. 广场夜景俯瞰。

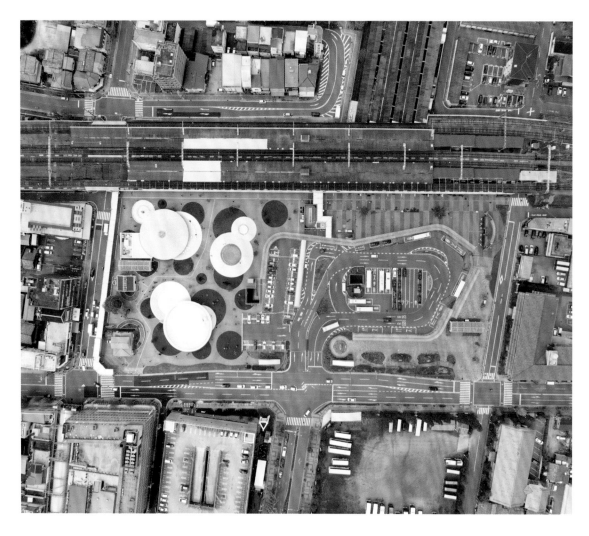

广场的名字叫作 CoFuFun，是将日语中的"cofun"（陵墓）与"fufun"（愉快）结合在一起。"fufun"在日文中指的是快乐而无意识的哼鸣声。广场的设计也旨在为游客提供愉悦的生活空间。

"CoFuFun"的拼写方式也象征着"合作"（cooperation）和"社区"（community），因为这两个英文词都是以"co"开头的。当然，还有"乐趣"（fun）。虽然本身是日语名字，但是根据英文拼写，外国游客也可以轻易理解其表达的含义。

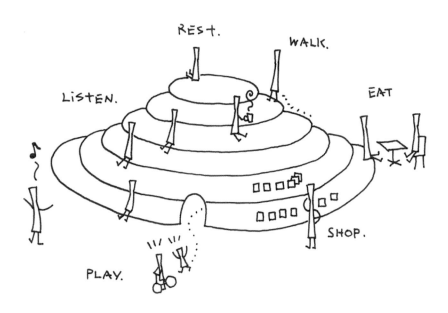

手绘图

1、2. 天理市的周边地区有一些日本旧时代的陵墓，被当地人称为"cofun"。

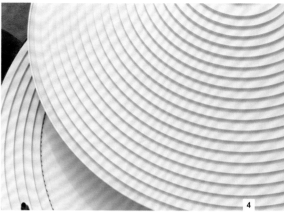

1、2. 入口。
3. 广场鸟瞰。
4、5. 近景特写。
6. 儿童在广场上玩耍。

萨默林市中心区

项目地点：美国，拉斯维加斯
景观设计：SWA
面积：44 公顷
摄影：汤姆·福克斯（Tom Fox）

　　美国内华达州的萨默林小镇（Summerlin），毗邻"世界娱乐之都"拉斯维加斯，但环境氛围却与之截然相反。本案是萨默林市中心区的规划，设计目标是体现当地社区的核心价值——自然。项目用地面积约为 44 公顷，建筑密度较高，功能多样，其本质与"自然"的主题相去甚远。因此，设计师面临的挑战是如何调和这种矛盾，打造低成本、高效益的多功能环境，同时不影响传统的地面零售店的经营。设计策略来自于自然本身。这里不同于这座城市的其他地区，那些地方人工的痕迹很重，如果在这里复制这种方法，只会对其环境的复杂性带来损害。因此，设计师放弃了简单的模仿，转而将目光投向沙漠景观的形态特征，对其进行抽象的利用，形成了一种独树一帜的景观风格，与周围的自然环境遥相呼应。设计的形态、材料、色彩和质地，全都从沙漠的视觉形象中汲取灵感，同时，尽量避免呈现出那种千篇一律的无趣的沙漠形象。

1. 街道两边种上高大的树木。
2、3. 白色遮篷结构。

1. 设计师从沙漠景观的形态特征中获得灵感，打造出一种独树一帜的景观风格。

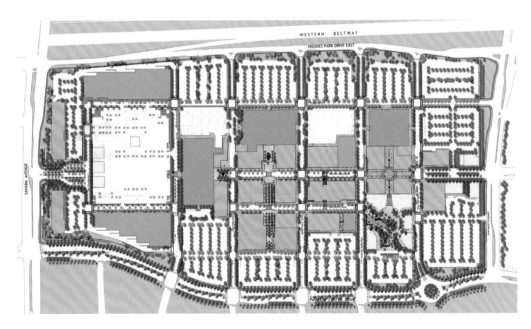

总平面图

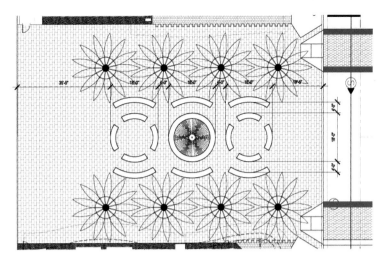

迪拉德庭院喷泉平面图

1. 矮墙
2. 穿孔铜板
3. 穿孔
4. 铜板
5. 穿孔铜板水景表面覆层
6. 水泵水雾喷嘴

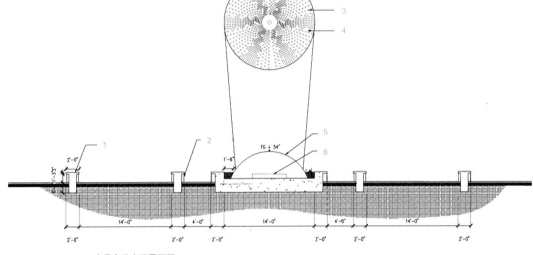

水景穿孔表面平面图

1. 矮墙
2. 棕榈树
3. 穿孔铜板水景表面覆层

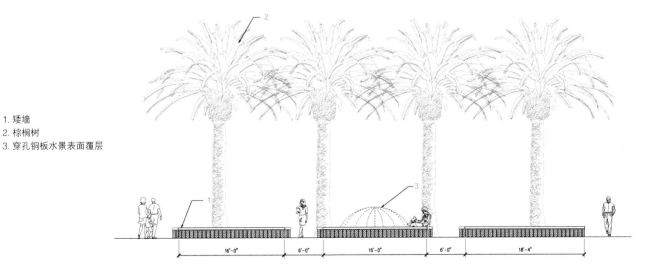

水景立面图

1. 街边座椅。
2. 水景中设置雕塑。
3. 广场上的雕塑。

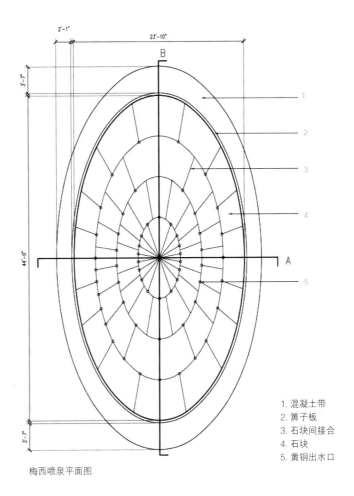

1. 混凝土带
2. 箅子板
3. 石块间接合
4. 石块
5. 黄铜出水口

梅西喷泉平面图

1. 周围铺装
2. 混凝土带
3. 金属箅子板
4. （接入）喷泉机械装置
5. （接出）喷泉机械装置
6. 黄铜出水口
7. 石块

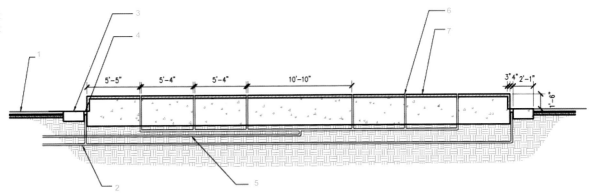

梅西喷泉剖面图

1. 沿座椅布置植栽。
2. 过道遮阳结构。
3 ~ 5. 市中心区夜景。
6. 水景。

1

日本 KOHTEI 禅宗寺庙艺术展廊

项目地点：日本，广岛
建筑设计：SANDWICH 建筑事务所
景观监理 西畠清顺（Seijun Nishihata，负责"曾良植物园"
（Sora Botanical Garden）的设计）
面积：4700 平方米
摄影：表俊信忠（Nobutada Omote）、SANDWICH
建筑公司

　　KOHTEI 这个项目是位于日本广岛福山市的一座艺术展廊。展廊隶属于一座由造船公司出资兴建的禅宗寺庙。他们为了安抚和纪念在海事中故去的灵魂，故而建了这座名为 Tenshinzan Shinshoji 的寺院。KOHTEI 艺术展廊为游客提供了在空间中感受禅宗体验的机会，它结合了景观和庭院的设计，希望开启游客自省、冥想的旅程。展廊的建筑设计是由日本当代艺术家名和晃平（Kohei Nawa）与 SANDWICH 事务所共同完成的。

　　无缝的外观以及一架毫无存在感的舷梯，带来令人叹为观止的第一印象。KOHTEI 展廊的独特形式根植于日本寺庙的传统材料和元素——"木""水"和"石"，同时结合"船"的意象，创造出一座漂浮在汹涌波浪上的建筑。

　　"建筑外皮覆盖着木制瓦片，这种传统的桧木树皮屋顶技法运用在船形建筑上，让它成为一个漂浮在石质景观上的空间。徒步穿越充满欲望的石海，一架轻巧的舷梯将游客带到建筑物的入口处。进入内部，一片波光粼粼的黑色海洋在我们面前展开。"——名和晃平

1. "飘浮"的艺术展廊。
2. 建筑外皮覆盖着木制瓦片。

1. 展廊全景。
2. 石材的铁元素含量很高，会随着时间的推移而烙上岁月的痕迹。

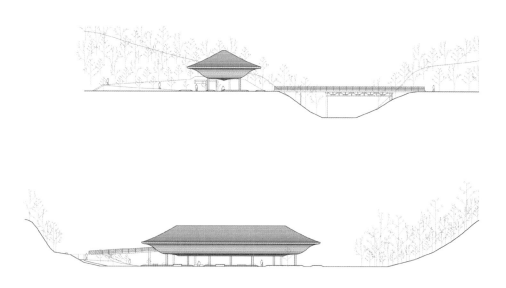

立面图

展厅的主体部分以日本柏树皮所制的木瓦覆盖，飘浮于风景之上，创造了一个具有导向性的标志性空间。屋顶的铺设手法采用了传统的"柿葺"技术，这种技术在日本已有数千年历史。这种木瓦屋顶使用了100毫米×300毫米×3毫米规格的木块，共有九层，用竹钉固定，形成一个连续、优雅的屋顶复合体。这个屋面共使用了34万片木瓦，由一个专门的匠人铺就。这位工匠家里世代都是从事"柿葺"技术的大师，他们在京都已经将这门手艺传承了16代。腹面表皮（下表面）的部分则采用了25万片100毫米×100毫米规格的木瓦，形成了整体一致的外观。建筑底部的空间强调了鲜明的材料质感，与顶部空灵的线条感相得益彰。

悬浮在地面之上的展廊框出了一幅优美的风景画。

石质景观代表了船舶漂浮的海洋。这个地区产出的石材，铁元素含量很高，会随着时间的推移而烙上岁月的痕迹。这些石材是从附近的采石场中开采出的，似乎还保留着刚刚被雷管引爆脱离山体后的原始质感。每块石头的大小和形状都不同，锋利的边缘创造出强烈的光影对比，与周围轻柔温婉的气质恰成对照。一条步道引导游人通过建筑底部的景观和庭院，为他们提供一系列无缝衔接的、连续的空间体验，可以多方位地感知建筑。

这条道路通向一个狭窄的入口，将游客引入"船舱"内部。站在建筑外，游客就能隐约感受到空间中氤氲的黑暗气息。整个结构代表着无边的海洋，游客可以浸入到巨大、广袤的空间中，观察波涛汹涌的海浪反射的点点鳞光。同时，黑暗的空间和被阻隔的声音削弱了游客的视觉和听觉，让他们进入自我冥想的状态，从而更接近禅的意味。

每个进入空间的人都会对它有着不同的体会。这个冥想空间没有直接解释"禅"，而是为游客留下一段关于禅宗、感性和哲学的记忆，让他们可以静静思考。KOHTEI 这个结构由内至外地反映了山林景观能够带给人的丰富体验，创造出结合了物质和精神世界的空间。KOHTEI 用创造性的表达将建筑的功能和形式合成一个不可分割的整体，材料、质感和体验共同造就了这个连接现实与灵魂的媒介。

区位图

2

景观设计：MVRDV 建筑事务所 | 项目地点：韩国，首尔

首尔空中花园——首尔路7017

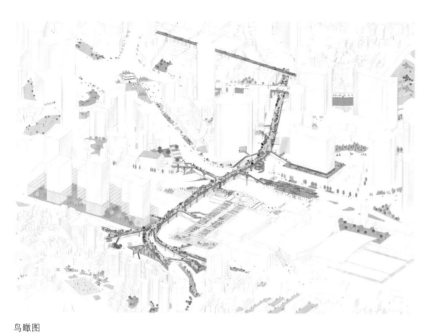

鸟瞰图

人行天桥

功能区

茶社

日光平台

街市

花店　　　　　　街边图书馆　　　　　　喷泉

LED 广场

观景台

街边展览

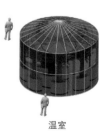

温室

项目名称：

首尔空中花园——首尔路7017

竣工时间：

2017年

面积：

9661平方米（高架公路983米路段）

摄影：

奥西普•范杜伊文博德（Ossip van Duivenbode）

首尔空中花园——首尔路7017项目（Seoullo 7017）位于首尔市中心区，原本是内城区的一段普通高速公路。随着城区日新月异的变化，这段983米长的高架公路也变身为一座空中花园，成为韩国植物品种最全的植物园：这里有50多科的植物，包括乔木、灌木和花卉，共计228个品种，约2.4万株，通过645个圆形小花池展示出来。其中大部分植物是新栽种的，预计十年后将长到成株的高度。

这座空中花园的名字"Seoullo"在韩语里字面意思是"迈向首尔"或者"首尔之路"，寓意呼应它位于这座韩国城市中心的地理位置，而7017的含义是：这条高架公路建于1970年，其公共步道的功能则始于2017年。而首尔火车站旁边的高架桥（已经改为机动车禁行），则是改造首尔（尤其是改造火车站附近的中心区）的下一步，旨在建设更绿色、更亲民、更有吸引力的城市环境，同时将城区内的绿化区衔接起来。

1、2. 高架桥提供了在首尔市中心创造全新的公共空间的绝佳机会。

荷兰 MVRDV 建筑事务所 2015 年 5 月赢得这个项目的竞标。这座空中花园设计的难点在于：如何将原有的高架公路改造为公共花园，将韩国各色植物和花卉在这个 16 米高的钢筋混凝土结构上呈现出来？如何赋予一条 1970 年的高速公路新的功能，使其服务于每天从首尔市中心穿行而过的行人？从一开始，MVRDV 就确立了设计目标，要将这座已经被人遗忘的基础设施打造成首尔绿色花园的象征，进而使其成为推动建设首尔绿色市中心区的催化剂。在首尔市政府的支持下，当地各种非政府组织、景观设计团队和城市设计顾问共同为打造城区最丰富的植物园而努力。此外，还新建了天桥和台阶，将高架公路与附近酒店、商铺和街边花园连接起来。

1. 一系列因地制宜的活动及设施,如茶/咖啡馆、花店、街市、图书馆和温室等,将打造一个活跃且生机盎然的空中花园。
2. MVRDV利用韩国当地植物,排列以韩文字母顺序为依据,以不同的植物来识别不同的空间类型,使生态更具多样性。
3 ~ 6. 一座真正的植物园。
7. 空中花园夜景。

景观设计：米娅·莱尔景观规划设计集团 | 项目地点：美国，加利福尼亚州，圣莫尼卡

石原公园

加州圣莫尼卡市的石原公园（Ishihara Park）由美国米娅·莱尔景观规划设计集团（Mia Lehrer + Associates）设计，于2017年2月正式面向公众开放。这是一座线性社区公园，其命名是源于一位名叫乔治·石原的士兵（George Ishihara），一个曾在二战中442军团日美战役中战斗过的当地士兵。公园占地约0.95公顷，从前是一个停车场，还有些公共设备用房。这里的一个居民区旁边新建了地铁维修用房，而这座公园的目的就是降低这个全天24小时处于使用中的维修用房给居民带来的视觉干扰。

公园的设计过程注重居民的参与，包括三次反响积极的公众意见听证会和一次大规模的明信片派发宣传活动，旨在让居民更好地了解公园的设计。根据居民的意见，这座公园应该是服务于社区的，有益于生态环境的，让大家有地方进行户外活动和体育锻炼，同时也要体现这个居民区的历史和文化。公园的名字——"石原公园"，是根据社区的独立征名活动结果命名的。

公园是东西走向，西侧尽头是一片小树林，营造了阴凉的空间，同时实现了自然的过渡——一边是交通繁忙的街道，另一边是环境静谧的公园。小树林中有一条宽敞的步道，组织起整个公园的交通动线。高大的榕树是从轻轨施工处移栽过来的，后者在施工期间由市政府将原有榕树异地保存了三年，现在栽种到这里，不用等待树木成熟，马上就能享受阴凉。

集水花园（Watershed Garden）一年四季呈现出不同的景色。这是一个下沉花园，地势低洼，可以收集、过滤并渗透用地的地表雨水。花园里栽种滨水植物和灌木，雨季的时候会储满雨水。而在干燥的季节里，这里又成了一个安静的

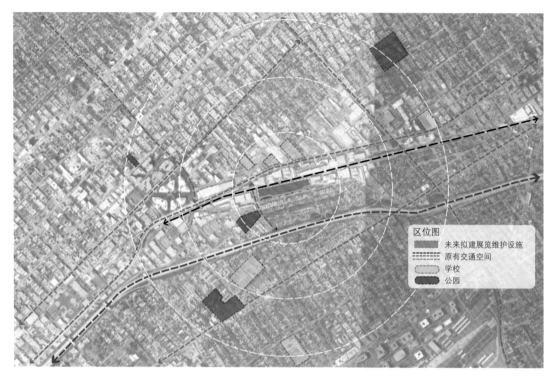

用地情况分析

1. 香柠檬站
2. 博尔曼布朗公司
3. 克拉克制片公司
4. 合作公司
5. 斯蒂芬餐厅
6. 美国录音学院
7. Rent-A-Car 出租汽车公司
8. 圣塔莫妮卡发行公司
9. 加州动物康复中心
10. IMAX 影院
11. BEACHBODY 公司
12. AGENSYS 公司

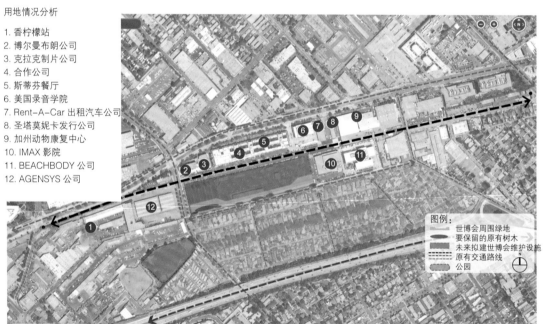

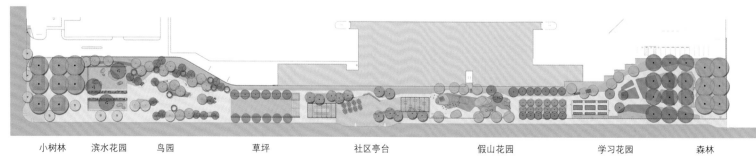

小树林　滨水花园　鸟园　　草坪　　社区亭台　　假山花园　　学习花园　　森林

平面图

项目名称：

石原公园

竣工时间：

2017年

面积：

0.95公顷

摄影：

亨特•克尔哈特（Hunter Kerhart）

1. "岩石花园"，后面背景处是"社区凉亭"。
2. "社区凉亭"为居民聚会、野餐提供了场地。

绿色空间，供人欣赏和探险。大块岩石既是景观元素，也是座椅。美国梧桐树带来树下舒适的凉爽空间。花园的中心布置了一条小径，高于其他部分，像一条防波堤，是花园里的主要交通动线。

飞鸟花园（Bird Garden）里，人们可以观察当地种类繁多的鸟类。一系列的棚架结构爬满藤蔓植物，为鸟类营造了栖息地。此外还有岛状绿化小丘，也为不同种类的蝴蝶和鸟类提供了食物和筑巢的空间。飞鸟花园的步道边布置了一系列"健身站"，其中两个是残障人士可用的，符合"创建一座所有人都能用的公园"的宗旨。

草坪是个下沉区，略有坡度，适合野餐和各种非正式娱乐活动。坡地底部设有长长的宽大台阶，可以坐人，也可以作为表演的舞台或者放映电影。北侧和南侧栽种了开花的树木，带来阴凉和四季风景的变化。

"社区凉亭"的宗旨是打造"社区客厅"。铺装广场为居民提供了进行公共活动的空间。板状混凝土特色墙上雕刻的内容，向居民介绍了乔治•石原的生平事迹。广场的两端各有一个小亭，都是专门为本案设计的，为居民的野餐和聚会创造了阴凉的环境。慢跑步道位于凉亭后面，高大的竹子是遮挡地铁维修用房的一道视觉屏障。

"岩石花园"（Rock Garden）与野餐凉亭相连，是年轻人最爱的探险和游乐区。这里设置了残障人士可用的运动器械，也有比较自然的岩石和圆木这种原生态元素。

"学习花园（Learning Garden）"是社区居民进行学习和园艺劳动的地方。花园分三个区域："果园""实验室花园"和"演示花园"。

各个年龄段的人群都能在这里学习和分享有关园艺、采摘、堆肥、可持续和环境保护的知识。圣莫妮卡市对园艺环境的需求远远超出了现有存量。等待参加园艺活动的名单上有 500 人，等候时间超过 5 年。这里的"学习花园"探索了一种新型的园艺环境，面向所有人开放，欢迎每个人来尝试园艺活动。

"森林"是公园中最静谧、阴凉的环境。这里也栽种了移栽过来的榕树，树下栽种喜阴的林下植被，营造出绿意盎然的自然环境。

1. 集水花园。
2. "岩石花园"里的游乐设施。
3. 集水花园,背景处是飞鸟花园。
4. 集水花园中的步道类似防波堤。
5. "学习花园"(图片由圣莫尼卡市政府提供)。
6. 飞鸟花园中的珊瑚树形成独特的景观。

景观设计：AELAND 设计公司 | 项目地点：西班牙，利萨 – 德蒙特

芒果物流中心

西班牙芒果物流中心（Mango Logistic
Center）景观的设计目标是让户外空间融入周围
的农业景观环境，同时，营造鲜明的环境特色，使
之有别于传统的工业园区。

白茅"红色拜伦"　　　细叶芒　　　　柳枝稷"重金属"　　　白茅"红色拜伦"　　柳枝稷"重金属"　　细叶芒　　马勒帕尔图斯芒

植栽剖面图

区位图

项目名称：

芒果物流中心

竣工时间：

2016年

委托客户：

芒果物流公司（Mango）

面积：

125,000平方米

摄影：

AELAND设计公司

物流中心外的地形具有较大坡度，减少了路面的面积，增加了坡地植被的面积。建筑周围的外环路设有人行道，供行人和自行车通行。主楼位于中央，周围环绕着绿化坡地，坡地下方建有地下室。

坡地植被上布置了混凝土分隔带。分隔带的尺度和设置的密度根据物流活动以及车辆的视角来决定。这些分隔带也用来安装其他景观元素，比如照明灯。分隔带营造出景观环境鲜明的韵律感，行人和车辆在移动时会更充分地体验到一种动感。韵律的变化代表着不同的空间和物流中心不同的功能区，比如货车入口、行人广场和停车场等地。

坡地上种植的禾本植物易于维护，耗水量低，搭配扁桃树，整体跟周围的农田景观非常协调。物流中心周围以及背景环境中栽种整齐划一的柏树和白杨树。

1. 坡地植被上布置了混凝土分隔带。
2、3. 分隔带的尺度和设置的密度根据物流活动以及车辆的视角来决定。

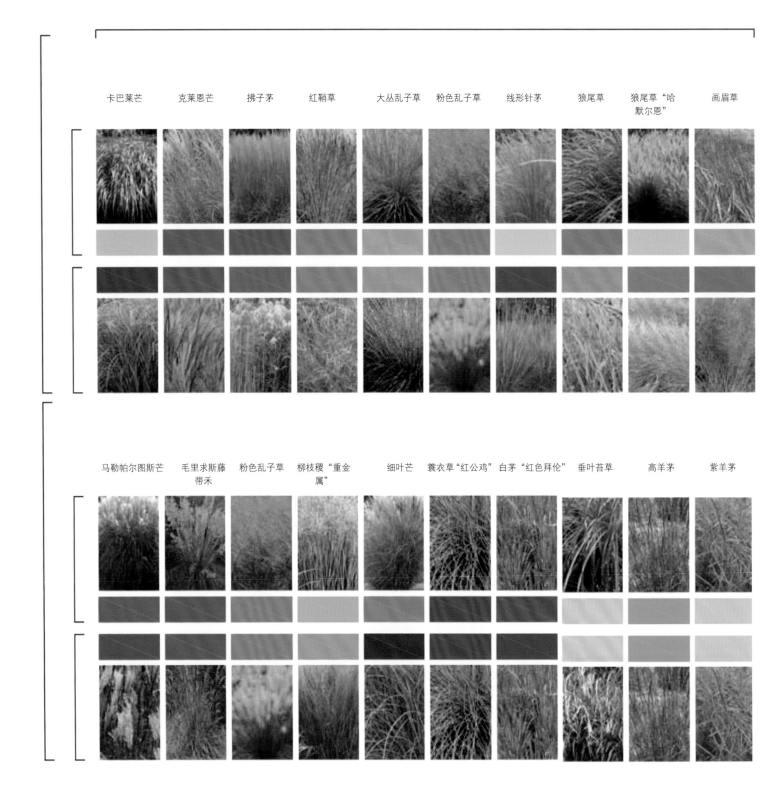

新西兰麻　　墨西哥羽毛草　　格兰马草　　弯叶画眉草　　细茎针茅　　利坚草　　黍落芒

总平面图

景观设计：澳派景观设计工作室（合作设计：Architectus and Landlab）｜项目地点：新西兰，奥克兰

西港湾漫步道

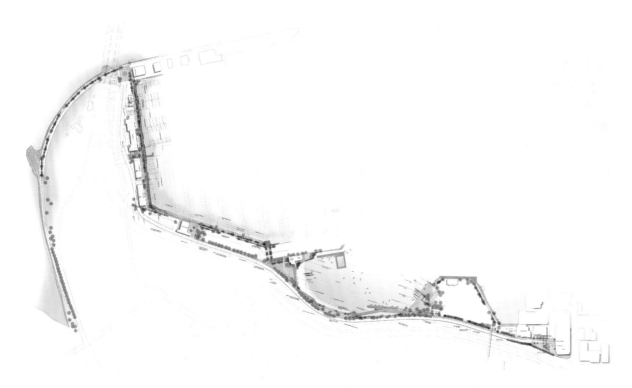

总平面图

项目名称：

西港湾漫步道

竣工时间：

2015年

结构与土木工程：

JAWA工程公司（JAWA Structures）

灯光设计：

e3BW设计公司

交通工程：

交通规划咨询公司（Traffic Planning Consultants）

文化顾问：

RTA建筑事务所（Rewi Thompson Architects）

项目管理：

MPM公司

委托客户：

奥克兰滨水区管理局（Waterfront Auckland）

长度：

1500米

摄影：

澳派景观设计工作室

1

西港湾漫步道（Westhaven Promenade）是一条步行和自行车共享的滨水大道，由澳派景观设计工作室（ASPECT Studios）和 Architectus and Landlab 共同设计完成。这条位于奥克兰西港湾码头的大道，长约1500米，可供人们在此散步或骑行，途经复杂的地形地貌，成为一条连接西港湾码头和城市中心的纽带。

全新的大道在推动奥克兰公共空间发展中扮演了重要的角色。在此之前，码头是个疏离城市的地方，而这一大道通过在城市和码头之间建立一条持续的、安全的人行、车行通道，为城市中心的滨水区域提供了更多的娱乐和休闲体验。相互交错的平台、生机盎然的新建公园与波光粼粼的水面组成了一幅美丽的画卷，而在其中设计的解说性元素则向人们阐述了当地的文化和曾经的殖民历史。

西港湾漫步道随着此起彼伏的海岬和海湾共同跳跃，跨越不同的地形区域，展现着各种独特体验的瞬间。通过凸显并聚合优越的方位地点和地区，这条道路向观景者铺开了最为美丽的景色，最大程度上丰富了漫步道的步行体验感受。

1、2. 自行车道。
3. 散步木板道。

2

3

这条步道也为另一个覆盖范围更广的项目铺平了道路。项目准备新建一条长约 40 千米的绵延的怀特玛塔码头环道（WaitemataHarbour Loop），建成之时不仅将对当地的发展具有重要作用，更将吸引全球各地的人们前来。

通过提高滨水区域的安全性和辨识度，并在独具魅力的景点、公园和海滩之间建立一条绵延的公共通道，这条全新的大道进一步稳固了其与公共海港边缘的联系。

更重要的是这条步道也延伸了海港边缘的娱乐活动体验范围。已经填沙回补的金色沙滩，为人们提供了一处重要的景点和享受城市滨海美景的场所。此外，步道还与再次恢复活力的码头小镇相连，在那里全新的商业活动将为港口基础设施附近提供一处充满人气、活力的公共景点。

1、2. 大道在城市和码头之间建立了一条持续的、安全的人行、车行通道。
3 ~ 6. 步行道细节图。
7. 石阶缝隙里种有绿植装饰。

景观设计：NRLVV 设计事务所、B+B 设计工作室 | 项目地点：荷兰，布拉里屈姆

Blaricummermeent商务园区

荷兰 Blaricummermeent 商务园区的景观设计由 NRLVV 设计事务所（LOOSvanVLIET）和 B+B 设计工作室（Bureau B+B）两家公司操刀。园区规划涵盖 750 所房屋及 18.5 公顷的创业园。规划通过曲线形道路及绿化环境的营造使其与众不同。Meenstroom 河是设计中的一个重要部分。这条河流起始于拜凡克住宅区（Bijvanck），衔接起霍伊湖（Gooimeer），贯穿了规划中的两个区域：河流区（Stroom）与三角洲区（Delta）。

河流区靠近拜凡克住宅区，与其处于同一高度，设计在这个区域选用了坡形屋顶的建筑。三角洲区地势相对较低，水位与霍伊湖一致。整体氛围的营造通过水元素来实现。大量的别墅依水而立，对那些拥有私人船只并且想将其存放在住所旁的人们来说，这无疑是个理想的居所。这里，平屋顶的设计让这些别墅与周围的环境与景观相融合。出于安全方面的考虑，设计对原有夏季堤防做了升级改造，在水体与霍伊湖连接处修建了一处水闸，起到断流的作用。水闸内部及顶部由木材覆盖，这种方式给驱船而至的人们营造出一种迎宾的景观效果。在色彩与材质的选择上，设计对两个区域范围内的建筑与公共空间选择了相同的色彩与材料配置。在整个区域，不同类型的房屋以多样的形式分布，错落矗立。建筑密度为每公顷大约 20 座房屋，屋脊设计体现出一种乡村气息。

这里早期的景观形态是围垦地、曲线形支路及主路，栽种行道树；新的设计则是采用笔直的道路，区别一目了然。虽然街道布局较窄，却营造出一种绿意盎然的清新氛围。道路交叉处设计了不同风格的广场，广场上高大挺拔的乔木成为附近区域范围内的标识。广场边，一栋栋公寓楼像大型别墅一样，美不胜收。

总平面图

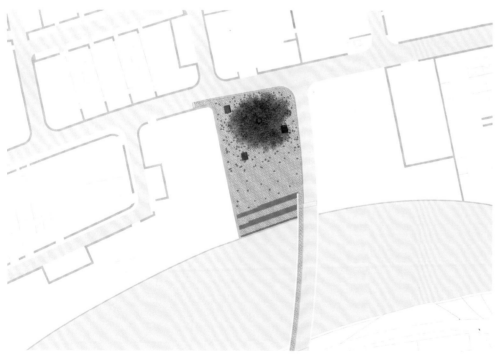

区位图

项目名称：

Blaricummermeent商务园区

竣工时间：

2004年——至今

景观设计合作团队：

Projectbureau de Blaricummermeent,
Urban Management, DHV, Movares,
Stadkwadraat, Impuls

建筑设计：

Studio Leon Thier, Onix, Casanova
Hernandez, M3 architecten, Klunder
architecten, Hans Been

委托客户：

布拉里屈姆市政府

面积：

120公顷

绿色空间主要集中在 Meenstroom 河沿岸的线性公园，该河流原本是 Eem 河的支流。2.5 千米长的公园将毗邻拜凡克住宅区的原有绿地与 Voorland Stichtsebrug 休闲区连接起来。沿河的芦苇岸与霍伊湖的生态驳岸融为一体。河东岸的公园为布拉里屈姆的市民提供了休憩的空间，园区内的多年生植物和草地，与漂亮的孤植乔木相结合，使园区内的空间更加丰富。植物色彩有着丰富的层次变化，从南部多彩的区域过渡到霍伊湖比较自然的绿色风格，将园林色彩艺术发挥到极致。

1. 白色小桥。
2. 植被茂盛，多姿多彩。

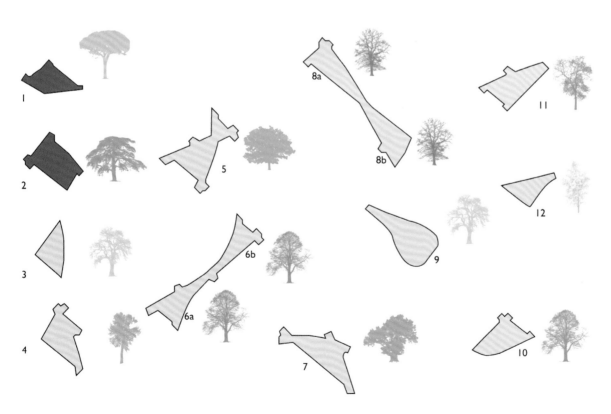

广场设计图

1. 绿色空间主要集中在河流
沿岸的线性公园。
2、3. 统一的色彩与材料配置。
4. 桥面铺装。

1

景观设计：In Situ 景观事务所 | 项目地点：法国，马贡

马赫贝绿化步道

　　法国马贡市的马赫贝绿化步道（Park Walk of Marbé），由 In Situ 景观事务所（In Situ paysages et urbanisme）设计。马赫贝是一个住宅区，这条绿意盎然的步道及其沿途的绿化空间将为附近居民带来更好的环境体验。

　　马赫贝住宅区从前是一个孤立的区域，跟周围环境隔离。近十年间，这里成了马贡市城市升级改造的重点区域。一系列公寓楼拔地而起，还新建了大型停车场。这个住宅区面积很大，地理位置十分优越，公共空间充足。

1. 马赫贝绿化步道。
2. 蜿蜒的步道。

总平面图

1. 社区中的绿地。
2、3. 这条步道贯穿整个马赫贝住宅区，除了散步大道的功能之外，
它还兼具游乐场、运动场和"雨水花园"的功能。

项目名称：

马赫贝绿化步道

竣工时间：

2014年

　　这个项目的产生是源于当地土地所有权的变更，街道进行了全新的布局，重新划分出若干住宅区，拆毁了原有的一些公寓楼，打开了视野，才有了建设这条绿化步道的契机。这条步道贯穿整个马赫贝住宅区，除了散步大道的功能之外，它还兼具游乐场、运动场和"雨水花园"的功能。用地中央是一条运河，其前身是"深渊河"（River of the Abyss），此次河岸也进行了更新改造。用地边缘，毗邻住宅区的一侧，布置了一系列带状花园，种植事宜由当地居民负责。这些绿地，或者说蔬菜园，介于公共环境与私人住宅之间，也是负责过滤雨水的"雨水花园"，减少了由市政府负责养护的绿地面积。

　　每个街区都进行了升级改造，包括住宅楼的翻新以及围绕一座小花园新建的一系列新住房。项目启动前，这里刚刚拆毁了一栋长 250 米的大体量公寓楼。因此，通过这条步道的建设，这些街区能够跟市中心区连接起来。这是一个全民参与的城市景观项目。项目重点放在地块的划分、边界的设计以及环境的使用功能上，目的是让这个住宅区跟周围环境建立起紧密的衔接，包括物理环境的衔接和社会关系的衔接。

　　本案获得 2014 年景观设计成果奖（Landscape Victories）住宅区开发项目类银奖。

1. 用地中央流过一条小河。
2. 广场。
3、4. 果蔬园。

景观设计: OKRA景观事务所 | 项目地点: 荷兰, 卡特韦克

猫滩滨海景观

美观 + 实用

本案位于南荷兰省的卡特韦克（Katwijk，即"猫滩"），设计的出发点是想要营造乡村风景的氛围。设计师沿海岸线修建了一条散步大道，将大海与滨水区度假村和酒店很好地衔接起来。沙丘式的设计实现了城镇到海滩之间自然的过渡，十分巧妙，也符合当地街道的形态特征。沙丘上的小径呈现一定的弧度，更加逼真，使人觉得仿佛置身沙漠中，成就了猫滩的一种全新体验。纵横交错的小径构成一片美观又实用的沙丘，上面设置几处观景台和一条木板道，便于游人观赏海景。随着海岸的不断拓宽，海景于当地已经变得十分珍贵了。

滨海旅游胜地

过去的十年间，荷兰基础设施与环境建设部一直在努力加强海岸一些薄弱环节的建设。除了兴建必须的海岸防御工事之外，滨海区的不断开发也确保了猫滩成为支撑当地沿海城镇经济发展的旅游胜地。出于强化猫滩海岸开发建设的需求，设计考虑到保护现存城镇特色的价值，并希望通过设计来凸显这些特色。

从城镇到海滩

OKRA 设计团队采用互动式规划设计方法，注重民众的参与，由此确定了猫滩最重要的特色，那便是从城镇到海滩的过渡。设计师选用了"沙丘式堤坝"作为海岸的防御工事，即：以石材砌筑堤坝，辅以沙丘，进行加固。大量的低矮沙丘既能帮助抵御洪水，又实现了从城镇到海滩的自然过渡，毫不突兀。这样的设计还有一个好处：卡特韦克市政府还能在堤坝后面修筑一个地下停车场。

天然沙丘景观

由于沙丘的存在，堤坝和地下停车场完全隐藏在视线之外，海滩看上去是一片天然的沙丘。纵横交错的小径将城镇与海滩衔接起来，让人们可以观赏海景。整个设计的亮点便是这片宽阔的沙丘，广迎八方游客，也可以作为广场，举办各种活动，形成了猫滩海岸上一个充满活力的景点。

1、2. "沙丘"边宽敞的休闲区作为一种过渡空间。

项目名称：

猫滩滨海景观

竣工时间：

2015年

地下停车场建筑设计：

荷兰皇家哈斯康宁德和威集团（Royal HaskoningDHV）

工程设计：

凯迪斯建筑资产设计与咨询公司（Arcadis）

项目管理/对外交流：

WB de Ruimte项目管理咨询公司

承建商：

荷兰BN工程公司（Ballast Nedam）、RN工程公司（Rohde Nielsen）

委托客户：

卡特韦克市政府、莱茵兰水务局

面积：

20公顷

摄影：

OKRA景观事务所

海岸防御工事及其配套水利设施技术是荷兰的强项。著名的"三角洲工事"（Delta Works）包含活动水坝和水闸，而荷兰大部分海岸线都是以沙丘的形式来抵御洪水。基础设施与环境建设部一直在努力改善荷兰的海岸防御建设。近几十年来，当局尤其重视海岸一些"薄弱环节"的改建。很多地方的沙丘和堤坝都进行了加固，以确保内陆未来50年内的安全。

平面图

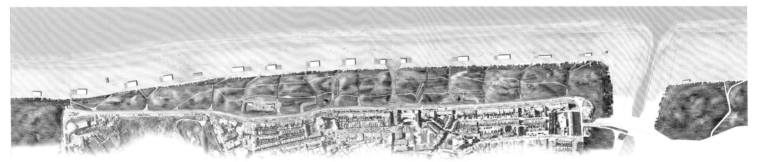

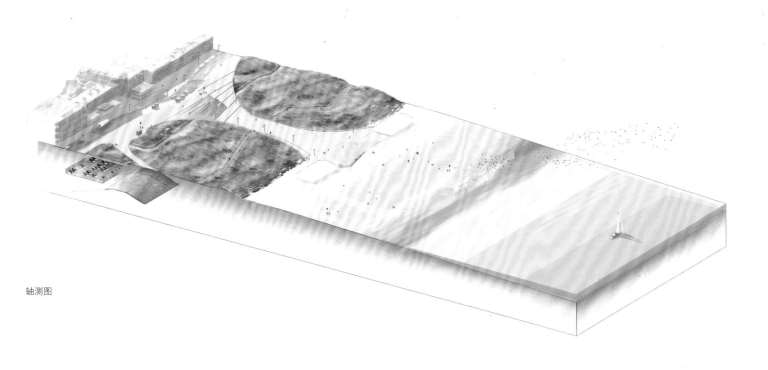

轴测图

图例：

 海洋

 沙滩

 沙丘景观

 沙滩餐厅

 沙滩餐饮平台

 沙滩木板路

 小径

 沙滩过渡区

 散步大道

 阶梯广场

 入口地下停车场

 停车场紧急出口

 沿岸地下防御设施

 自行车停放区

 观景台

 座椅

猫滩便是被基础设施与环境建设部划为需要加固的"薄弱环节"。为保证猫滩及其附近环境在未来 50 年内的安全，当局决定加固当地海岸的防御工事。OKRA 事务所负责规划设计，凯迪斯建筑资产设计与咨询公司负责工程设计，委托方卡特韦克市政府和莱茵兰水务局也参与到设计中来。设计过程持续了五年之久。

1. 散步大道。
2. 从木板道上可以眺望海景。
3、4. 利用座椅营造舒适的休闲区。
5. 茂盛的沙丘植物中将形成蜿蜒的小路。

跟"三角洲工事"不同，猫滩还具有休闲娱乐功能。度假旅游功能的开发是支撑当地经济的一项重点。因此，在防御工事设计讨论的过程中，环境的娱乐性是需要考虑的重点。防御工事的加强要建立在保护当地城镇、村庄和度假区的现有价值的基础上。

猫滩海岸的设计注重当地居民和相关各方的广泛参与。设计策略的制定以多次公众意见听证会上征集来的民众意见和建议为出发点。其中最重要的策略便是经过与公众的讨论才制定的，那就是：从城镇到海滩的过渡。未来，海滩还将拓宽，增加面积，这就导致村镇和大海之间的距离会变得更远。在很多地方，海景甚至会从人们的视线中消失。鉴于此，设计师提出采用与当地街道形式相一致的沙丘式过渡方式，实现了最自然的过渡和衔接。

规划中的第二大策略是打造沙丘景观。在猫滩居民眼中，沙丘代表了他们村镇的滨海特色，而不仅仅是沿岸的散步大道。因此，设计师决定建一片沙丘。在这片沙丘之上，有着纵横交错的小径，并且呈现出一定的弧度，让沙丘景观的体验更加强烈。随着沙丘面积的增加，猫滩将呈现出新的特色。纵横的小径是人们走进沙丘的通道。

这片沙丘也在海滩上形成了一个广场空间。沙丘位于海滩中央，从这里可以漫步到海岸边，也能走到村镇的街道上。沙丘上布置了座椅，让人们可以在这里闲坐、交流。靠近海岸的一边设计了活动场地，便于人们夏季进行户外活动。可以说，沙丘景观让猫滩海岸充满活力。

海岸防御工事的工程设计由凯迪斯建筑资产

设计与咨询公司负责，是一个"堤坝+沙丘"的复合防御体系。沙丘对石材堤坝起到加固的作用。本案的一个独特之处在于地下停车场的建设，在堤坝靠近内陆的一侧。停车场由皇家哈斯康宁德和威集团（RHDHV）设计，有550个停车位，融入了沙丘景观之中，隐藏在视线之外。

沙地芦苇：马拉姆草

本案沙丘景观的一大特色是采用了密集种植的灰绿色沙地芦苇，即马拉姆草（Marram Grass）。这是OKRA事务所设计滨海沙丘时常用的一种植物。叶长而尖，最适合漫长夏季里的海滩野餐——小孩子可以用它的叶子作剑，也可以利用它玩躲猫猫游戏。不仅如此，这种植物还有助于沙丘的加固，其纤维状的纠缠根系能够将沙子固定在下方土地上。这种植物能够适应滨海地区的严酷生长环境，叶子光滑、卷曲，不易失去水分。

咸水湾

景观设计：TRACT 咨询公司 | 项目地点：澳大利亚，墨尔本

咸水湾（Saltwater Coast）坐落于墨尔本西南部市郊的一个名为"库克角"（Point Cook）的新区，距离墨尔本中央商务区 25 千米。TRACT 咨询公司（Tract Consultants）将景观设计作为这个住宅小区环境规划的出发点。

咸水湾开发项目的总体规划和设计都由TRACT 负责，设计师尝试了住宅小区环境整体设计的一种全新方式。设计围绕开放式公共空间展开，以景观环境奠定小区的总体特色。同时，景观设计形成了一种稳固的框架，为这个新区的未来开发和演变奠定了基础。

咸水湾小区的所在地有着良好的生态景观环境：北侧是奇塔姆湿地（Cheetham Wetlands），南侧毗邻湖泊，东侧是菲利普港湾（Port Phillip Bay），西侧是库克角新区。设计师采用了一种区别于市郊开发常见的设计方式，将景观作为住宅区环境设计的出发点。

总平面图
图例：

 大叶榕

红花桉

澳洲火焰木

千层树

卵叶桉

薄子木

赤桉

杯果木

白桉

垂枝相思树

澳洲杉

白木桉

木麻黄

糖桉

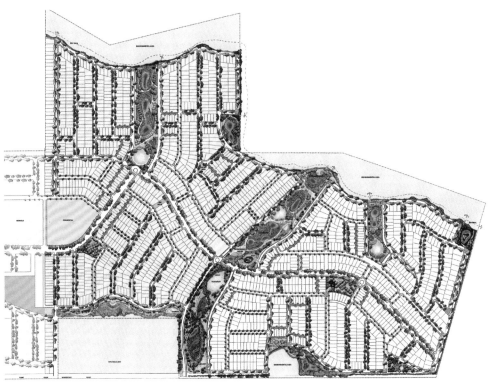

景观总平面图

项目名称：

咸水湾

竣工时间：

2012年

摄影：

迈克尔•（Michael Cowled）/ TRACT咨询公司

TRACT 从一开始最早期的规划阶段就参与到这个项目中来，最终确定的开发方案中地块的划分也跟早期用地分析中的意见一致。这跟一般那种先决定环境的规划框架之后再找景观设计师的方法有本质的不同，而后者是更为常见的标准的住宅小区规划方法。

1. 周围的自然生态环境。
2. 标识。

咸水湾的总体规划框架是根据用地的地形来决定的。咸水散步大道是用地的中轴线，排水管线依照这条轴线布置，排水管线也是决定住宅区布局的重要因素。用地上的地表雨水径流必须妥善收集和处理，才不会影响周围的生态景观。因此，设计围绕着一系列湿地展开，目的是利用湿地在雨水排入排水管线之前完成净化。

上述的雨水管理设计决定了景观设计的其他方面。主要湿地区构成了中央公园的重要组成部分——中央公园即延伸到咸水散步大道北侧和南侧的一片绿化区，也是本案景观设计的重点区域。大大小小的空地分布在湿地之间，可以进行各种娱乐休闲活动，每处都有不同的设计。中央公园视野极好，从这里极目远望，一马平川，可以看到墨尔本的天际线。天气好的时候，可以看见这

座城市朦胧地浮现在地平线上；在特殊的光线效果作用下，似乎能看到船只在港湾驶过，仿佛直接在地面上航行。

除了中央公园之外，咸水湾还分为几个区域，每一个都有不同的风格，但都是围绕各色公共空间来布局。道路的布局以景观视野为出发点，确保人们总能享受开阔的视野，同时也方便公共空间的使用。不同的地点适合进行不同的休闲活动，从儿童游乐区到体育健身区，应有尽有。

本案的景观设计全部采用本地原生植物，尤其偏好使用滨海植物，进一步突出港湾的主题。植栽布置丰富多彩，层次分明，从湿地的莎草和芦苇，到各种特色观赏植物，如诺福克岛松，广泛栽种于用地各处。

一个住宅区能够根据景观设计法则来进行规划和布局，取得的效果是惊人的。咸水湾未来的居民无疑将会借此彰显他们超凡的品位。然而，这种高品质的景观框架却由于环境中遍布的设计千篇一律、了无生气的房屋而稍显逊色。虽然，这种设计在居住的便利性上无疑是更迎合市场的，但是在景观设计蓝图的构想和建成后的现实居住环境之间却存在着某种不协调。这种不协调的感觉在社区活动中心的衬托下更显突兀。社区活动中心的建筑由 NH 建筑事务所（NH Architecture）设计，非常吸引眼球，设计感十分强烈，在其他不显眼的一众建筑物中显得鹤立鸡群。

当然，这种情况也并不新奇。只要市郊的开发还需要新的建筑物，设计师就不会停止对这些建筑的抱怨，咸水湾的设计师也不会因为他们设计范围之外的因素而被挑毛病。然而，这似乎给住宅区的设计套上了某种牢笼，限制了市郊环境设计变得更好的可能性。同时，我们希望，逐渐成熟的景观设计可以弥补很多其他方面的不足。

1、2. 咸水散步大道形成一条中轴线。
3. 景观设计全部采用本地原生植物，尤其偏好使用滨海植物。

景观设计：科克里咨询公司 | 项目地点：澳大利亚，新南威尔士，海泽布鲁克

记忆公园

　　记忆公园（Memory Park）由新南威尔士道路与海事服务局（NSW Roads and Maritime Services）负责开发，经过彻底的更新改造，已于2014年底正式面向公众开放。记忆公园位于悉尼以西风景秀美的蓝山区（Blue Mountains）的海泽布鲁克小镇，毗邻大西高速公路（Great Western Highway）。记忆公园高品质的景观环境是当地文化遗产的传承。这座公园的更新重建是大西高速公路升级改造计划中的重点项目。悉尼科克里咨询公司（Corkery Consulting）负责公园的改造设计。整体的公路升级改造计划包括从伍德福德镇到海泽布鲁克镇的路段。

　　记忆公园沿高速公路呈现线性布局，衔接起海泽布鲁克镇中心与火车站，是当地社区居民常用的公共空间，深受民众喜爱。设计过程中，设计师充分征询了委托方以及蓝山市政府的意见。

　　沿公园新建了一条人行天桥，位于高速公路和坡道上方，让镇中心、居民区和火车站之间的通行更加方便和安全。景观设计将坡道、台阶、砂岩挡土墙、座椅和扶手融入一个整体的系统设计，呈现出环境统一的风格，同时巧妙解决了用地高差较大的问题。砂岩挡土墙是新建的一面特色纪念墙，18棵柏树排成一行，纪念在战争中牺牲的当地士兵。

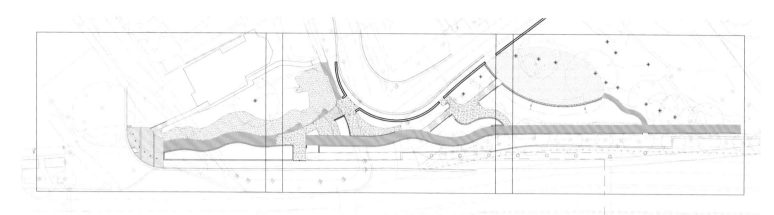

平面图

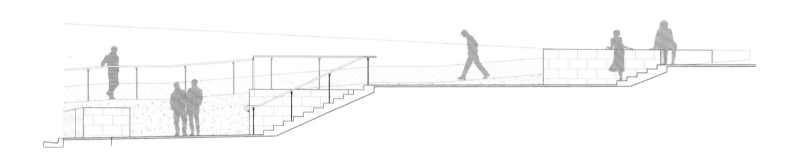

剖面图

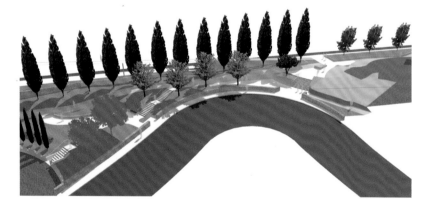

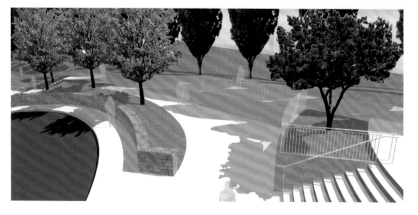

项目名称：

记忆公园

竣工时间：

2014年

委托客户：

新南威尔士道路与海事服务局（RMS）

面积：

3300平方米

摄影：

诺埃尔•科克里（Noel Corkery，版权所有：科克里咨询公司）

用地上原有的成熟树木全部保留，在此基础上，还新增了树木、灌木和地被植物，营造出与蓝山许多村镇的景色相一致的自然景观。树木品种的选择征询了蓝山市政府和当地社区居民的意见，包括沿人行坡道底部种植的一排鹅掌楸，从这里可以通往新建的人行天桥。这种树不会阻挡视线，人们站在坡道的树下可以看到蓝山国家公园的景色。秋季，树叶会变成金黄色，呈现出别样的景致。其他树木品种还包括观赏性的梨树和紫薇，春夏花季之时带来落英缤纷的美景。

1. 裸露的砂岩挡土墙呈现了蓝山的地质特色。
2. 小径和挡土墙界定出花池。

1. 记忆公园南侧边缘毗邻大西高速公路升级改造工程。
2. 从草坪眺望挡土墙和柏树以及高处的记忆公园。
3. 蜿蜒的花池形成记忆公园的边界，也是行人与高速公路交通之间的一道屏障。
4. 公园中栽种已经成熟的树木。

景观设计：谢丽尔•巴顿工作室 | 项目地点：美国，旧金山

耶尔巴布埃纳街更新改造

景观设计：谢丽尔•巴顿工作室 | 项目地点：美国，旧金山

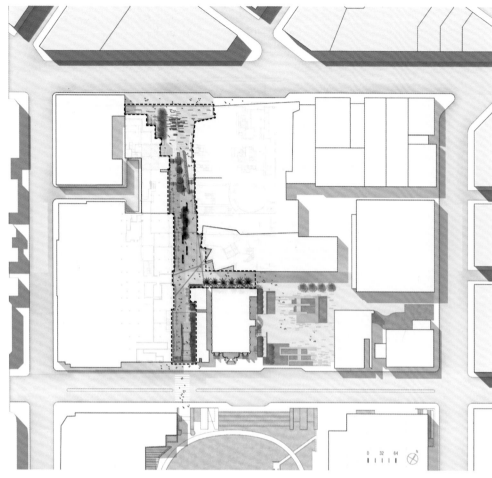

总平面图

本案位于加州旧金山，由美国景观设计公司谢丽尔·巴顿工作室（Office of Cheryl Barton，简称 O|CB）设计完成。耶尔巴布埃纳街（Yerba Buena Lane）从前是一条不起眼的小巷，道边是停车场，如今改造成为一条只面向行人开放的综合型公共空间，其功能囊括了线性公园、广场和城市基础设施，将市场街（Market Street）北侧的旧金山联合广场（Union Square）与市场街南区（又名 SoMa 区）的耶尔巴布埃纳艺术区的绿化空间连接起来。它既是具有基本服务功能的一条交通要道，同时本身也是个景点。它是焕活这片被遗弃的公共空间的催化剂，将这里与周围的酒店、商铺和餐厅连接起来，道边设置了舒适的户外座椅。

本案是耶尔巴布埃纳住宅区内一个区域性更新改造项目的一部分，升级改造的目标是将附近各种多功能建筑、文化建筑和会展建筑以及开放式空间融入一个整体的环境。这个地区最大规模的两个升级改造工程是 1981 年的莫斯康会展中心（Moscone Conference Center）和 1995 年的旧金山现代艺术博物馆（San Francisco Museum of Modern Art）。

1998 年，这条小巷的南侧新建了一座公园，名为"耶尔巴布埃纳花园"（Yerba Buena Gardens），此时需要一条人行步道连接到市场街和联合广场，以便更方便市民前往这个蓬勃发展的文化街区。耶尔巴布埃纳街便由此诞生。这条小巷只有不到 170 米长，却为每年 500 万从此经过的行人服务，途经四季酒店和公寓（Four Seasons Hotel and Residences）、新建的犹太博物馆（Jewish Museum）、万豪酒店（Marriott Hotel）一楼商铺以及各色餐馆，勾画出未来五十年这个区域城市发展的蓝图。这条小巷的建设还吸引了一批博物馆在此落户，比如非裔移民博物馆（Museum of the African

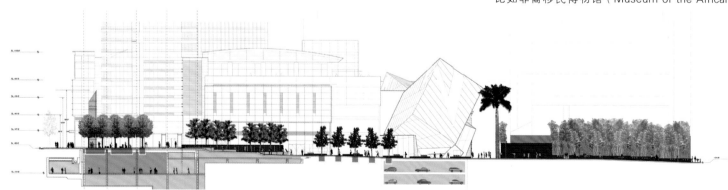

剖面图

项目名称：

耶尔巴布埃纳街更新改造

合作设计：

GHA联合事务所（Gary Handel + Associates）

胡德设计（Hood Design）

艺术设计：

詹姆斯•特瑞尔（James Turrell）

长度：

170米

摄影：

谢丽尔•巴顿工作室

Diaspora）、儿童创意博物馆（Children's Creativity Museum）、卡通艺术博物馆（Cartoon Art Museum）以及后来新建的墨西哥博物馆（Mexican Museum）。附近的其他文化类建筑还包括旧金山城市规划研究协会（SPUR）和加州历史学会（California Historical Society）等。

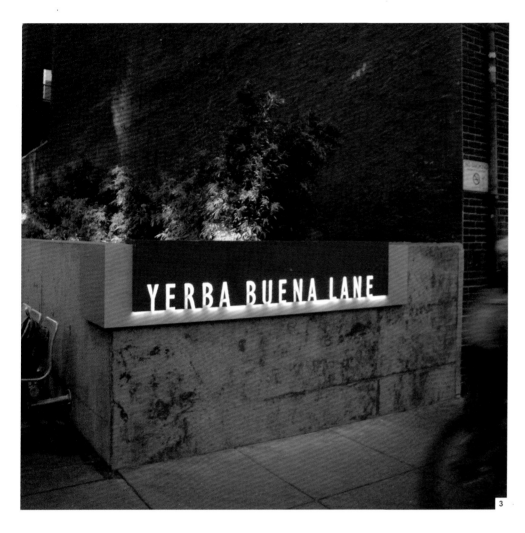

O|CB 的设计将耶尔巴布埃纳街沿途的空间和街道小品囊括在一个统一的环境中，形成一个整体的城市景观环境，包括 4.6 米长的市场街和大使街（Mission Street），都融入当地的城市微气候中。一面石墙，也是水景墙，搭配坡道和台阶，为行人带来更富生机的步行体验。树木的布置具有多种功能，包括界定空间、形成建筑屏障、防风并带来四季景观色彩的变化。设计考虑到空间使用的灵活性，保证了各种公共活动都有举行的场所，从农贸市场到露天音乐会，以及各种互动式艺术装置展览，都能在这里找到合适的场地。这样的设计让耶尔巴布埃纳街成为附近居民积极开展社会公共生活的绝佳场所。这里不只是人们步行途经的一条道路，它本身也是值得驻足欣赏、可以开展社交生活的。

耶尔巴布埃纳街融入了周围的商业和文化环境，为旧金山城区带来一处生机勃勃的开放式空间。2013 年，这里成为旧金山首个"生活创新区"（Living Innovation Zone）——旧金山市政府和旧金山探索馆公共空间工作室（Studio for Public Space, San Francisco Exploratorium）联手发起的一项活动，旨在鼓励每天从市场街经过的人们去关注他们周围世界中的社交信号。

1. 2013 年，这里成为旧金山首个"生活创新区"。
2. 耶尔巴布埃纳街多功能的街道空间。
3. 耶尔巴布埃纳街全天候为市民服务。
4. 改造前，耶尔巴布埃纳街是个停车场，与大使街和市场街之间缺乏衔接。

景观设计：弗莱彻设计工作室 | 项目地点：美国，旧金山

高峰公园

弗莱彻工作室（Fletcher Studio）设计的高峰公园（Summit Park），是旧金山一座带状公园的一期工程。这座带状公园将历史悠久的美喜德公园（Park Merced）街区与美喜德湖娱乐区（Lake Merced Recreation Area）连接起来。本案用地周围是各种文化建筑和学校，附近还有一座大型水库公园，是旧金山最受欢迎的水库公园之一。

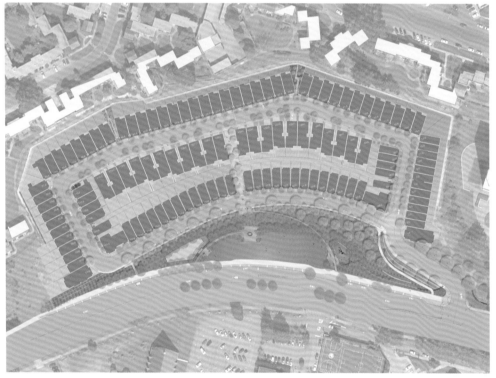

总平面图

1. 仅面向行人开放的多功能空间。
2、3. 耶尔巴布埃纳街将多样化的公共空间连接起来。

项目名称：

高峰公园

竣工时间：

2014年6月

委托客户：

康斯托克房地产公司（Comstock Homes）

面积：

1.4公顷

植物：

悬铃木、美国红枫、鸡爪枫

材料：

玄武岩鹅卵石、护根层（回收利用）、混凝土碎块（回收利用，用于填石铁笼）、混凝土、玄武岩砾石

生长介质深度：

46厘米

摄影：

大卫·弗莱彻（David Fletcher）

　　本案由四个部分构成，这四个部分围绕着中央宽敞的开放式空间（即中央广场）布局。四个部分包括：观景台、自行车道、儿童游乐区以及狗狗公园。公园的设计灵感来自水波的涟漪，因此呈现出一系列同心圆的构成，同心圆的圆心距离公园400米。公园内的空间和步道全是弧线形，没有直线。这里有弧线形的围墙、散步道和林荫道。委托客户是一家房地产开发公司，因此这座公园不是由政府部门维护的，而是由公园附近新建的一个社区负责维护。

高峰公园的设计符合《海湾友好景观
设计指导方针》（Bay Friendly Landscape
Guidelines）：采用本地原生植物，灌溉采用滴
灌的方式，使用回收利用的材料，采用病虫害综
合治理设计，并实现了废水回收利用。公园内的
植物选择了加州本地的开花植物，如鼠李和熊果
等。林荫路使用本地禾本植物，营造出一座"移
动的花园"。树木采用红榆木、桑叶无花果树以
及本地的松树。挡土墙采用填石铁笼的形式，里
面填充的是回收利用的混凝土碎块，来自其他施
工工地，历经 8 个月才建成。植物采用地下灌溉，
使用回收的废水。

中央广场上有美籍意大利裔雕塑大师贝尼亚
米诺·布法诺（Beniamino Bufano）最知名的
作品——"和平雕塑"（Peace Sculpture）。弗
莱彻工作室与旧金山艺术协会（San Francisco
Arts Commission）合作，共同决定了布置这座
雕塑的地点，包括旁边的标识牌。这座雕塑高约
10 米，是贝尼亚米诺为 1939 年的旧金山金门国
际博览会创作的。然而，当他创作这个作品的时
候，世界却正处于时代的动荡之中。贝尼亚米诺
曾表示："这座'和平雕塑'我采用抛物线的造型，

表达的含义是：如果和平是需要我们今天去维护的话，那么它一定是强制的和平——是民主通过对抗法西斯的暴虐得来的强制和平。现代战争让妇女和儿童在轰炸中丧生，这种背景下的和平已经不是传统的橄榄枝与和平鸽所诠释的和平了。"

1、4. 儿童游乐区。
2. 自行车道。
3. 公园的设计灵感来自水波的涟漪，因此呈现出一系列同心圆的构成。

景观设计：Group Superpositions 事务所 | 项目地点：瑞士，日内瓦

艾尔河畔花园与原始河道复兴

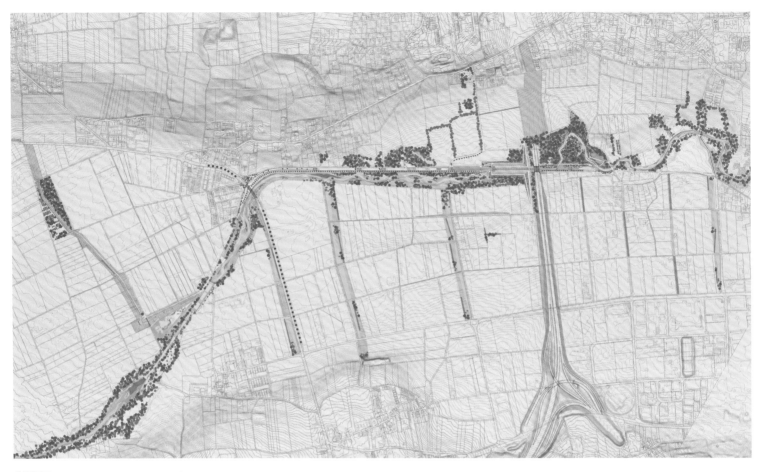

总平面图

项目名称：
艾尔河畔花园与原始河道复兴

竣工时间：
2016年

建筑设计：
乔治·德贡布（Georges Descombes）/德
贡布+朗皮尼事务所（Atelier Descombes
Rampini SA）

工程设计：
B+C工程公司（B+C Ingénieurs SA）

生态环境设计：
生态科技公司（Biotec SA）

委托客户：
日内瓦市政府

面积：
50公顷

长度：
5000米

　　毗邻日内瓦市的艾尔河（Aire）流经历史悠
久的农耕村落。这条河道从 19 世纪末期开始就
逐步改为运河。日内瓦市政府于 2001 年发起一
场竞赛，旨在通过摧毁运河从而将河道恢复到初
始蜿蜒曲折的自然形态。Group Superpositions
的获奖方案中，计划将运河清晰的区域边界与一
片平行宽广的漫步区相结合。运河是整个变化过
程的指针，也是一条可能使人了解到改造前后的
参考线。设计方案从用地原有的状况出发，又融
合了其他诸多既定因素。

1、2.河道始建于 19 世纪，经过改造，环境焕然一新。

竞赛的官方要求更偏向生态方面，重视环境改善的合理需求，却忽视了设计的价值与考量，将自然与文化置于完全相反的两个极端。Group Superpositions 的方案则提出采取另一种方法，将眼下紧迫的生态迁移与更宏观的文化变迁结合在一起。

新建的河流空间和原有运河河道上狭长形的新建花园通过复杂的设计建立起紧密的联系。绵延的运河河道是建成这一矛盾体的关键，景观既要有着静如止水的特点，又要引发人们探索的欲望，既是一个休闲而惬意的场所，又富有寓教于乐的意义；如果缺失任何一点，设计都不能构成一座真正的城市花园。在整个流域、原有的山丘形态和人为改造的痕迹中，这座狭长的河畔花园将这些状况、视野、冲突等融合起来，构成一场真实版爱森斯坦式"蒙太奇"。旧运河留存的痕迹使得新的设计之中饱含复杂的时间性，有着十分遥远又非常现代的奇异感。空间与时间的冲突之间充满着记忆与希望。

"露天实验室"这一特性在新河床的设计中得到最大化的体现。设计团队清楚地意识到固定河床式的设计只会是无用的努力，从而冒险采用了一种"起始模式"。钻石形的场地，基于渗透原理，创造出一个充满不确定河道的复杂网络，布满整个新河床。

设计达到了壮观的效果。在水流入这片新的河道区域一年之后，结果远远超出设计团队最乐观的期待：在这条充满惊喜的路线上，河流取代了原来的各种沉积物、砾石、沙子以及最初诞生的菱形几何形态，形成了极其丰富的河流地貌。

目前设计团队最关键的任务在于对河床的全程监控：在这个巨大的实验场，使用最先进的技术工具来观察、测量和面对所有发生在河床上的演变。最先得出的结论是一个不得不接受的悖论：对"起始网格"越明确的设计，反而会使得河流更自由地进行"自我设计"。

1. 河道近景特写。
2. 经过重新挖掘，河道呈现新貌。
3. 水流蜿蜒而下。
4. 河床新貌。
5. 经过改造的运河与堤坝。
6、7. 水景。

2

I-Lent滨河公园——奈梅亨河道改造

景观设计： H+N+S景观事务所
项目地点： 荷兰，格尔德兰省，奈梅亨

1. 滨水散步大道。
2. 全景鸟瞰。

　　荷兰大部分土地处于欧洲西北部低洼的冲积平原上。为了防止洪涝灾害，一千多年来，荷兰人不断增加堤坝的高度和强度。然而，由于气候的变化，河流流量不断增长，水位常常逼近极限值。自1995年荷兰大面积遭遇洪灾后，荷兰政府启动了一个名为"河道扩容"（Room for the River）计划，通过归还河道更多的空间，用于滞洪、泄洪，来降低洪涝的危害，同时也提升沿岸环境质量。荷兰全国范围内有30多个河道进行了这样的扩容尝试。奈梅亨这个项目，在所有扩容河道项目中，情况最为复杂。

　　设计并非简单地扩展河道以增加过水的容量，它的创新策略是植入一个防洪和分流的泄洪渠道，保留原堤坝线条，形成一座狭长小岛。洲岛位于奈梅亨老城区与瓦尔河北岸之间，几座新建或延长的桥梁提高了老城区与河北岸的连通性。该河中岛与新建分流渠道共同组成了一座滨河公园，不仅能降低洪水带来的风险，还对奈梅亨起到堤防的作用，是一个奈梅亨市民都可以享受的、环境优美的滨河休闲公园。滨河公园的设计是根据河水的流动性、侵蚀与沉积过程以及水位变化为基本点，融入历史及生态元素，构建一个开放式的城市滨河公园，充分利用河岸空间，多元化公园使用，包括举办各种展览和活动。

总平面图

剖面图

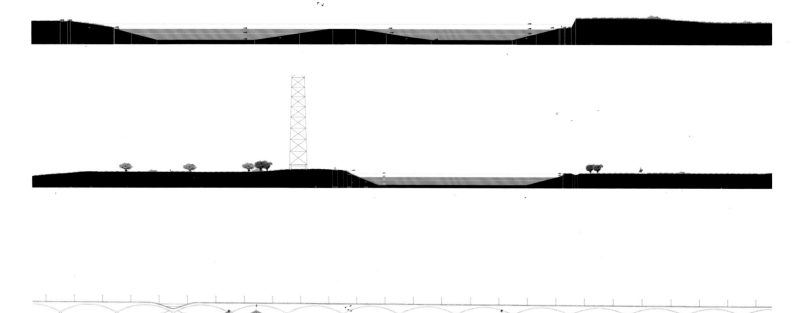

设计方案可以划分为三个层次：创造、生长以及水的变性。

第一个层次"创造"，是指各种人工建造元素。

第二个层次"生长"，是指这里的自然景观在未来的生长和变化（包括建筑景观和自然景观）。

第三个层次"水的变性"，是指瓦尔河一年四季水位的起伏。

1、2. 连接河中岛的慢行桥（自行车、步行及岛上居民的汽车）。

这个设计在增强河流防洪能力的同时也增强了人们的亲水性，拉近了人与河流的距离，同时，河流沉积与侵蚀过程也被引入设计中，随着时间的推移，会逐渐产生更多河流景观独有的生态系统。该项目设计手法一反常规的高筑防洪墙的"工程防护"措施，通过对河流自然特征的深入研究，创造性地找到了人与河流和谐共处的良好状态。

1. 建成后第一个春季 zaligbrug 步行桥景观。
2. 可控制水位的泄洪堤坝。

项目名称：

I-Lent滨河公园——奈梅亨河道改造

竣工时间：

2016年

设计团队：

团队组织协调+景观设计：H+N+S景观事务所（H+N+S Landscape Architects）

承建方：杜拉·维米尔工程公司（Dura Vermeer）、PLOEGAM公司

桥梁建筑设计：ZJA建筑事务所（Zwarts & Jansma Architects）、奈伊-普里森建筑工程公司（Ney-Poulissen Architects & Engineers）、NEXT建筑事务所（NEXT Architects）

景观建筑设计：TRAFIQUE公司

项目面积：

120公顷

委托客户：

奈梅亨市政府，河道扩容计划管理办公室

摄影：

阿尔然·费海尔（Arjan Vergeer）、H+N+S景观事务所、荷兰水运局（Rijkswaterstaat）、韦里·克罗内（Werry Crone）、Aeropicture

摄影公司：约翰·罗伊林克（Johan Roerink）

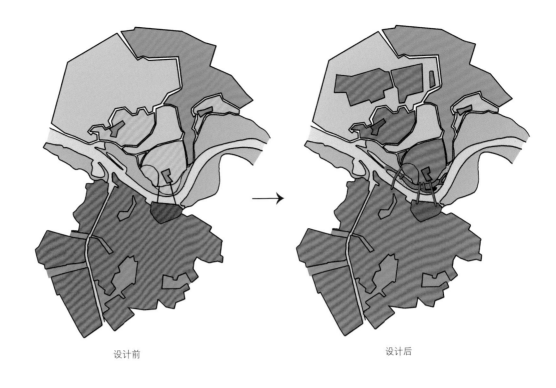

设计前　　　　　　设计后

1月　2月　3月　4月　5月　6月　7月　8月　9月　10月　11月　12月

水位季节变化图

1 ~ 3. 滨河公园是奈梅亨瓦尔河最新的防汛设施。
4、5. 新建泄洪道与滨河公园不仅降低了洪涝的危害，而且在大多数非洪涝期，成为环境优美的滨河休闲公园。

1

合肥融科城

景观设计： SWA

项目地点： 中国，合肥

1、2. 雨水被收集到水道中，并得到净化，植被
也得以旺盛生长。

　　《经济学人》杂志在 2012 年 12 月的报道中称，合肥是世界上实际国内生产总值增长最快的城市。在过去的一个世纪里，合肥的人口从 3 万增至 330 万，并且仍会持续快速增长，这将带来庞大的住房需求。这座城市位于巢湖上游，与淝河交织而生，以拥有大量围绕旧城中心的河畔公园而闻名。随着城市人口和财富的急剧增长，这种地方特色也应在城市的新建区域中得以延续。

　　合肥融科城是一个新型经济开发综合片区，其中心区域是一座带状公园，两侧设有步道和零售商铺。这一舒适、便捷的步行主轴线连接了该地区的 8 个街区、各类设施，以及即将开通的地铁站。SWA 利用合肥老城的景观特征构思并设计了带状公园和两侧步道，使新区拥有充满活力而高效的户外环境。该区域致力于实现可持续性的最大化，

在迷人而多变的环境中，居民在较短的步行距离内即可享用多种设施与服务。这是一个为生活而塑造的场地，人们乐意在这里享受本地的宜居生活。

区域性特征和汇水区域规划

　　合肥融科城所在之处地势平坦且缺少特色，原用地内多为成排的农田和零散的聚落。考虑到合肥的气候及全年的降雨分布情况（年平均降水量 1000 毫米，每月降雨约 5 ～ 12 天），SWA 依据合肥标志性的河湖花园区域历史，探索项目的水文设计灵感，旨在将该地区打造成契合当地降雨特色的场所。为了实现这一概念，SWA 通过塑造地形来收集地表雨水径流，种植繁茂的树木以创造多样化的户外空间，从而为附近拥有 100 多栋高楼的街区提供一个人性尺度的绿色核心。

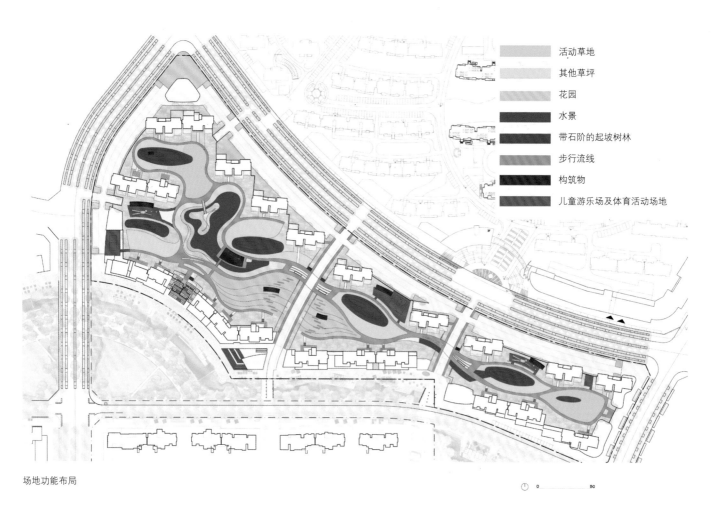

活动草地

其他草坪

花园

水景

带石阶的起坡树林

步行流线

构筑物

儿童游乐场及体育活动场地

场地功能布局

0　　　　50

项目名称：

合肥融科城

竣工时间：

2016年

首席设计师：

马可·艾斯波西多（Marco Esposito）

委托客户：

融科智地房地产开发有限公司

面积：

50公顷

SWA接受委托时，该地区街道的图纸虽已经完成绘制，但尚未筹建。经过初步研究，大部分拟建的带状公园、与之平行的街道和零售步道的排水设计方案都过于零散，且过度依赖管线，但仍有条件整合为单一的汇水区域。由于这一地区还尚未建设，所以景观设计师有机会提出用一系列雨水花园与水道来替代雨水管网的做法。SWA整体性地考虑户外空间的中央主轴线，调整街道和带状公园的竖向坡度，使商业街道、零售商铺、步道以及带状公园共同组织形成互相依存的汇水区网，既能减缓和净化雨洪，又能丰富人们的社区亲水体验。

采用绿色基础设施，而非灰色管网

合肥融科城带状公园的最终设计成果包括一条长780米、深2米的下沉式绿地水道，用以汇集和输送来自公园东部80%的地区、中央公共街道以及两侧的零售步道之间的区域地表径流。部分邻近社区裙楼和高层屋顶的雨水也可通过建筑排水管道直接流入水道系统。长780米的水道中包含四个由低坝构成的中型池塘和一个位于东部低地的大型蓄滞水池，蓄滞水池中的小型排水管道在超出常水位时缓慢地将雨水排放到市政雨水管。在其上方1米处，有一个更大型的紧急溢流结构，以应对大型暴雨。由于下沉式绿地水道的高度比邻近街道低2米，其收集雨水的能力与管网相同，因此能将其取而代之，如此一来，水道上方架设的与周边街道相平的桥面可供行人和车辆通行。

1、2. 设计的雨水花园及生物滞留池不仅造就了优美的景色，也可以对雨水进行就地处理。

依据当地情况的概念与设计

　　与大多数位于大城市下游的水体一样，巢湖水质因受到城市建设带来的工地淤泥、城市污染物和农业径流的影响而不断恶化。为了净化雨水径流，合肥融科城采用植被对径流进行过滤，并沉降悬浮物。如今，带状公园和水道已对建筑活动带来的大量施工淤泥进行了沉淀，正在逐步实现水文生态平衡，带状公园和水道的功能已从沉淀施工淤泥转为沉淀城市径流中的颗粒物及减缓暴雨峰值。虽然这一地区并不与自然水道或城市河流直接相连，而是溢流向市政雨水管网，但已促进了水质的净化并减少了洪涝峰值流量。施工完成后，SWA 选取由路缘流向水道的典型道路径流及水道出水口的水质进行抽样检测，来监测水道的长期绩效。

1、2. 中心区域是一座带状公园，两侧设有步道和零售商铺。
3、4. 设计利用合肥老城的景观特征构思并设计了带状公园和两侧步道。

3

4

为了减少该地区在由农业地区转变为城市区域的过程中的排放量，设计赋予了水道强大的蓄滞能力，并仔细平衡了该地区铺装区域与种植区域的比例。而鉴于用地主要为黏性土，透气性和渗透性均较差，因此本次设计未将提高水道的下渗能力作为主要设计目标。随着该区域设计和施工的快速进行，SWA作为整体设计规划单位需要及时反映，

为带状公园和水道提供令人信服的设计和技术细节支持。在接下来的后续项目中，SWA将与环境顾问和工程师深入协作，更好地了解并监测项目中的景观绩效，进一步调整水道中的植被配植比例和植物种类性能，并利用各方反馈信息来对池塘布局等方面进行持续优化设计。

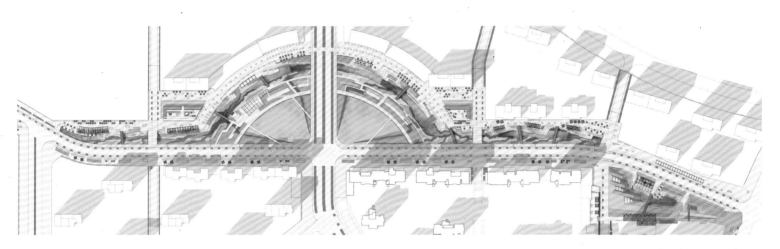

壶天路雨水花园设计图纸

1. 在迷人而多变的环境中，居民在较短的步行距离内即可享用多种设施与服务。
2 ~ 4. 人们乐意在这里享受本地宜居的生活。

中新天津生态城
中新友好公园

景观设计：格兰特景观事务所

全景鸟瞰。

中新友好公园（Sino-Singapore Friendship Park）位于中新天津生态城的中央位置，其规划蓝图是要建设一座面向各个年龄段的人群、促进中国与新加坡两国人民友谊的可持续城市公园。

格兰特景观事务所（Grant Associates）的规划方案将上述目标与用地的实际情况相结合，将一系列看似矛盾的元素结合使用，比如土地和水、自然和城市，同时，设计通过连绵的地形让整个公园呈现出统一的形象。

格兰特景观事务所新加坡分部将负责主导中新友好公园的设计工作。规划将分期进行，以温室为主体，包含五个玻璃暖房，里面种植热带植物，还有水景花园。其他设计元素主要包括：湿地中心、城市码头、游乐区、草坪和阶梯广场等。

除格兰特景观事务所外，参与温室设计工作的还有威尔金森•艾尔建筑事务所（WilkinsonEyre Architects）、担任环境设计顾问的TEN设计工作室（Atelier Ten）以及负责结构工程的ONE设计工作室（Atelier One）。各方专家组成的设计团队将团结协作，在当地各种咨询顾问的帮助下，完成方案的最终设计。这将是中新天津生态城中最引人瞩目的一个项目。中新友好公园也将成为一个国际化的旅游景点。

新加坡国家公园委员会（Nparks），即滨海公园（Gardens by the Bay）背后的、本案真正的委托方，在设计方案的开发中担任顾问。被指定为格兰特景观事务所合作伙伴的当地机构是天津经济技术开发区政府。

项目地点： 中国，天津   **设计时间：** 2017年   **面积：** 41公顷

中新友好公园是格兰特景观事务所新加坡分部负责的几个重大项目之一。新加坡分部目前在该地区正在着手进行的其他大型项目包括：新加坡的福南购物中心（Funan Mall）、新加坡的巴耶利巴中心（Paya Lebar Quarter）和越南的越南德国大学（VGU）。

格兰特景观事务所设计师斯特凡·兰布莱斯（Stefaan Lambreghts）表示："中新友好公园是一个万人瞩目的项目。我们的设计蓝图是打造可持续的、趣味性的、服务于公众生活的景观环境。这里将为市民提供各类活动空间，人们可以聚在一起，进行休闲和娱乐。这座公园具有多重象征意义。它象征了中国和新加坡两国的友好关系、人与自然的亲近关系、土地与水的关系以及保护与暴露的关系。中新友好公园将证明公共公园在现代城市中扮演的重要角色，它为各个年龄段的人群提供了全方位体验自然的空间。"

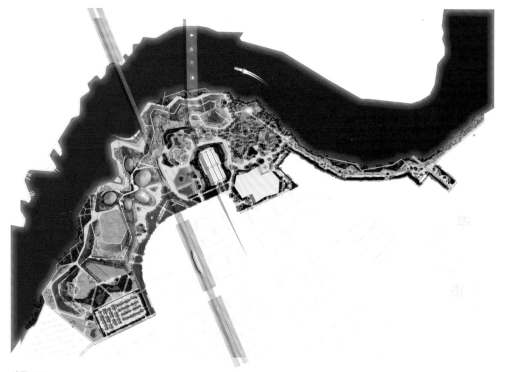

1. 设计目标是建设一座面向各个年龄段的人群、促进中国与新加坡两国人民友谊的可持续城市公园。
2、3. 设计目标是通过景观的方式对公园形成一种保护屏障，营造出公园的环境微气候，保证一年四季都有宜人的环境。

总平面图

设计理念

矛盾的结合。中新友好公园是一座结合了多种矛盾概念的城市公园，这些矛盾经过巧妙的平衡与协调，为各类人群带来多样化的环境体验。比如说，"湿地森林"与"社区大道"以及远处的高楼大厦是一对矛盾体；架高的"山脊步道"与下面的"水景花园"相得益彰。这种将矛盾相融合的特色景观让中新友好公园成为一座内容丰富、环境复杂的公园，这样的环境确实堪称友谊的发源地。

因地制宜的设计。公园的景观设计建立在设计师对用地环境充分理解的基础上。这片土地原本十分荒凉，暴露在西北风的肆虐下，土地是盐碱土。设计目标是通过景观的方式对公园形成一种保护屏障，营造出公园的环境微气候，保证一年四季都有宜人的环境。用地北部是较高的山脊状地形，针对冬季盛行风，起到保护屏障的作用。

建筑、景观与基础设施。公园的中央是玻璃温室。温室根据用地既有的地形来布置，是整个公园的主体和亮点。五个玻璃暖房确保植物全年的生长，保证了公园永不凋败的景色。这些暖房围绕着一系列的花园和湿地空间布局，让人们在不知不觉中进行着对公园进一步的探索。湿地游客中心位于其中一所暖房内，游客在这里能够了解更多有关生态环境的知识。

可持续设计。中新友好公园的设计旨在成为实践可持续设计理念的典范。这里的可持续设计包括："海绵城市"设计策略，即采用一系列功能性的水体来控制水流，改善水质，在适当的地方减少雨水径流。采用的设计手法包括在滨水区栽种芦苇，实现水的过滤，还有在适当的地方使用透水铺装。

中新友好公园的环保设计策略也涉及太阳能的利用。玻璃暖房的布局朝向北侧，远离城区高层建筑带来的阴影，确保最程度获取阳光直射。人行道和自行车道纵横交错，遍布整个公园。

中新天津生态城背景简介

中新天津生态城项目的启动始于2008年，这是中国和新加坡之间的一个双边合作项目，目标是为未来的可持续城市开发规划一张蓝图。生态城内基础设施完备，首批住户已于2012年入住。整体项目预计2020年竣工，届时，生态城内的人口将达到35万，这些居民会居住在世界上最大的生态城的绿色、低碳的环境中。2018年，生态城内计划举行一系列庆典活动，纪念生态城理念诞生十周年。

1、2. 五个玻璃暖房确保植物全年的生长，保证了公园永不凋败的景色。
3~5. 架高的"山脊步道"与下面的"水景花园"相得益彰。

荷兰布拉里屈姆（Blaricummermeent）商务园区。

线性公园

文：弗里克　路兹、玛汀·范弗利特

　　所谓线性公园即狭长形的公园。它可以是一条直线，也可以是卷曲盘绕的。线性公园可以是衔接起不同区域的一条纽带。在这种情况下，公园是不变的，但它所衔接的区域可以发生变化。这条衔接线本身可以是功能性的，比如可以是收集雨水的一条水渠；也可以是观赏性的，比如是一条绿道，栽种某种树木，或者是种植草坪或多年生植物的一座公园。当然，也有可能是这两种情况相结合。这样的话，我们就能兼顾功能性与观赏性。比如，一条美观的铺装步道，同时具备集水功能；或者一条造型优美的绿道，沿途栽种各种植物，营造出四季风景的变化。在后者的情况下，这个线性公园在不同的地点会拥有不一样的风景和形象，每一点都是它千变万化的形象。从这个意义上说，线性公园是在"变化"与"不变"之间寻求平衡。它可能只是一种次要的、功能上的衔接纽带，也可能本身就是景观配置的一部分。以下试举例说明。

荷兰布拉里屈姆（Blaricummermeent）商务园区

　　荷兰布拉里屈姆商务园区是为750所房屋和18.5公顷的商业公园而设计的规划方案。其中的大部分绿地呈现出线性公园的特征，沿河流而建。公园

全长2.5千米，将附近街区的绿地和休闲区域衔接起来。河流的芦苇岸与库伊湖（Gooi　Lake）湖畔的自然景观相连，成为一种生态过渡区域。公园位于河流东岸，但使用上不仅限于东岸的居民。公园里栽种大量多年生植物和草坪，

荷兰布拉里屈姆(Blaricummermeent)商务园区。

间或种植一些高大的乔木。色彩上，从南侧人工痕迹较重的杂色部分逐渐过渡到北侧自然的绿色。道路采用混凝土铺装，表面有观赏性图案，可以玩轮滑，也适合残障人士的轮椅。这个公园中不变的元素就是河流、道路和小桥。

多年生植物也营造了一种常年不变的自然背景，但是会根据具体地点的不同呈现不同的色彩和面貌。

荷兰布拉里屈姆(Blaricummermeent)商务园区。

荷兰布拉里屈姆(Blaricummermeent)商务园区

沈阳浑南新区轴线景观规划

"水"是浑南新区轴线景观规划的主题和贯穿始终的元素。水是不变的，总是从高处流到低处，在这里，则是从上游的水源流至下游的湿地。但是水的外观形态却可以发生变化。轴线上的每一点都凭借独特的水景体验带给人们不同的感受。这座线性公园是南北向的，延续沈阳故宫的轴线。公园的中心修建了全新的市府大厦，这栋建筑将公园划分为两个部分。北部主要以山脉和森林为主，南侧则以水为主。这两个部分又通过"水"的主题结合为一个整体。南北两个部分都有可见的水体，但是设计表现方式不同，包括水源、水渠、瀑布和水池。

公园的北侧部分是一系列高低起伏的山脉。山坡上有的地方密集

沈阳浑南新区轴线景观。

沈阳浑南新区轴线景观。

种植植物，有的地方则处理成开放式草坪。公园中央，水景延续了故宫的轴线，起始点是在最高的山顶上，作为水源。水流沿着山坡缓缓流下，途径各式台阶或者心形洼地，注入水渠。终点是新建的市府大厦，设计成瀑布。水渠底部的外观是设计重点。天然石材纹理变化多端，即使是漫长的冬季也足够引人注目。狭长形的小型铺装广场将山脉切割成不同的区域，确保公园南北两个部分的衔接和统一，也为公园带来更多可供使用的功能空间。

公园的南侧部分有宏伟的喷泉，沈阳的城市地图雕刻在天然石材上。与东西向公园交叉处是一个巨大的水池，以钢和玻璃制成的假山为特色。水池和假山可以从不同的角度来欣赏。公园的末端是个湖泊，设置岛状休闲区，供游人在垂柳的树荫下观赏美景。

（本案合作设计方：尼克•卢森景观事务所、URHAN景观设计公司、弗兰克•罗德贝恩）

荷兰弗利兰 Geerpark 住宅区

Geerpark是一个住宅区，里面有一座线性公园名为"水串"（The Water Festoon）。每栋房屋都跟"水串"相连。每片屋顶上流下的雨水全都汇集到一起，形成一条水渠，在不同的地段，水渠深浅不一。如果水量很大，则"水串"中水流湍急。如果是干旱的季节，则水流很小。由于水位的起伏变化，栽种的植物也不尽相同。水渠流经一座大型的中央公园，后者可以视为当地生物多样性的发源地。而"水串"则是其实现生物多样的重要载体，不论是两栖动物、昆虫还是植物，都经由这条水渠，传播到整个区域。因此，除了储水的功能之外，"水串"也是当地维持生态平衡的一条纽带。这里，不变的因素是水和公园的生态功能。

（本案合作设计方：B+B设计工作室）

美国纽约高线公园

不变的因素是极具辨识性的架高步道、与铺装融为一体的长椅的设计以及多年生植物和灌木等植栽的布置。变化的是整个环境。

高线公园（High line Park）原本是纽约的一条高架铁路，是纽约城中古老的工业遗迹重唤生机的代表作。这条线路从遍布高楼和公路的城市脉络中穿过。在这样一座高密度城市中，土地的双重使用是再好不过了。高线公园相当于纽约的一片都市绿洲。这里选用的植物有意营造一种"开拓"的气息，就像废弃不用的荒地上自然生长的植物。美丽的草坪搭配各种开花植物。此外，这个项目细节的设计也十分突出：条状天然石材构成"硬景观"的图案，与花池中的"软景观"相得益彰。另外，座椅的设计也是"硬景观"的一部分，很有辨识度。总之，高线公园是一个能给纽约降温的元素，为这座城市改善空气质量，提升生态价值。此外，它也是市民和游客愿意逗留的一个舒适的所在。

荷兰弗利兰岛 Geerpark 公园平面图

美国纽约高线公园。

弗里克·路兹

弗里克·路兹（Freek Loos），荷兰建筑师、城市规划师，毕业于阿姆斯特丹建筑学院（Academy of Architecture）建筑系。毕业后，路兹受雇于UNStudio建筑事务所，由此开始了他的职业生涯，后又加入B+B景观设计与城市规划事务所（Bureau B+B landscape architecture and urban planning）任主管。2009年，路兹在哈勒姆与人合办了路兹&范弗利特设计工作室（LOOS van VLIET），2013年又在沈阳成立了NRLvV设计事务所（Niek Roozen Loos van Vliet）。路兹的设计擅长将景观、城市规划、建筑设计和可持续理念相结合，设计范围广泛，小到景观小品，大到数十平方千米的大型规划。

玛汀·范弗利特

玛汀·范弗利特（Martine van Vliet），荷兰景观设计师、城市规划师，路兹&范弗利特设计工作室联合创始人。范弗利特女士1995年毕业于劳伦斯坦农业大学（IAHL），1995年-2001年在阿姆斯特丹建筑学院学习城市规划，并通过了城市规划和景观设计两项国家考试。

诺埃尔·科克里

诺埃尔·科克里（Noel Corkery），澳大利亚注册景观设计师，澳大利亚景观设计师协会会员（AILA）。科克里在景观和环境咨询领域拥有30多年的资深经验，设计足迹遍布澳洲和亚洲，在项目管理、景观总体规划、城市设计、环境修复与管理以及视觉影响评估等方面积累了丰富的专业经验，曾带领跨学科设计团队处理过各类项目，包括公共环境、城市开发、棕地、河道与湿地、道路、管线、机场、矿藏和森林等。这些经历让科克里对可持续开发理念及其在综合规划与设计中的应用有了更深刻的理解。科克里曾获得2013年AILA新南威尔士州主席奖（NSW President's Award），以表彰其对景观设计领域的杰出贡献。

线性公园：离我们更近的绿地

——访澳洲景观设计师诺埃尔·科克里

景观实录：您在景观设计领域工作多少年了？您是如何进入这个行业的？

科克里：我在景观行业的职业生涯已经超过40年。从堪培拉的澳洲国立大学（Australian National University）毕业，取得林业学学士学位后，我进入新南威尔士州林业局（NSW State Forestry Commission）工作了四年。我当时被分配到新南威尔士西北部的巴拉丁小镇（Baradine）的一个叫做"皮拉加森林"（Pillaga Scrub）的地方，面积超过100万英亩（约40万公顷），主要是柏树（澳洲柏）。

我发现比起做森林管理工作，我对景观设计更感兴趣。做出这个决定后，我就到墨尔本去一边工作一边学习景观，最终取得了美国康奈尔大学（Cornell University）景观设计硕士学位。硕士毕业后我来到香港，在那里工作生活了四年，之后于1982年回到悉尼，成立了一家景观设计公司，开始做澳大利亚以及海外项目的景观咨询工作。

景观实录：目前哪些景观风格和植物比较流行？

科克里：在澳大利亚，我们现在比较倾向于使用本土植物，不过如果想取得某种特别的景观效果，外

拉贝鲁兹岬项目。

来品种也会使用。比如说，澳洲本土没有多少阔叶（落叶）乔木的品种，所以，我们会用外来的阔叶乔木品种，来制造夏日里的阴凉和冬日里的阳光温暖，尤其是在市区环境中。我们用澳洲本土植物品种是因为它们能很好地适应这里的生长条件，因此比起外来品种，需要较少的养护。另外，本土植物也有助于当地的生物多样性和野生动植物栖息地的建设。

景观实录：活力、安全、绿色、健康，这是世界上大部分城市希望创建的生活环境。在您看来，城市应该如何为市民创造最佳的居住环境？

科克里：我坚定地认为，公园和其他的开放式公共空间对于城市居民的身心健康起到关键作用。这一观点在澳洲和海外的研究中都得到支持。城市公共空间应该在区域性的范围内来统筹规划，确保每个人都能很方便地使用若干公园和开放式空间，包括在居住地400米范围内的公共空间以及可以方便使用的比较大型的公园和体育设施。一座城市内的公共空间应该按照一个整体的公园绿地网络来进行统一规划，并以步行道、自行车道和公共交通来连接，方便市民使用。随着城区开发越来越密集，树冠覆盖面对于营造城市微气候、缓解"城市热岛效应"起到至关重要的作用。

景观实录：据说现在世界上一半的人口生活在城市，也就是说，世界的一半是城市环境。景观设计在城市环境更新中应该扮演怎样的角色？

科克里：景观设计师接受过专业的培训，拥有专业的技能，因此在建设可持续的宜居城市中扮演着重要角色。我们应该组织跨学科设计团队，让规划师、工程师、建筑师、社会学家、考古学家和艺术家协同合作，共同解决城市建设中出现的复杂问题。我认为景观设计师也需要培养更好的宣传技能和政治技能，以便对决策人施加更大的影响。

景观实录：如何在保持原有地形和历史风貌的基础上开展景观设计？如何将既有元素融入新的设计？

科克里：关键在于要把时间和精力用在理解项目用地的方方面面上，包括用地的地理条件、排水、植被、视觉特征、文化遗产、与周围地区的连接以及在整个城市或地区中的位置等。设计应该对用地的特色善加利用，同时满足项目基本的功能要求。设计理念应该在寻求更好的解决方案的过程中不断演化、改进，而不是预先硬性设定一个理念。

景观实录：做城市景观更新类项目，最重要的是什么？

科克里：景观更新项目的设计过程需要设计师将用地原有的价值和对设计完成后该地使用情况的预期结合考虑。对周围环境的理解以及对用地上既定元素的重要性的判断十分重要。景观更新项目应该争取保留或者重拾用地的既有价值，将其融入新的设计和景观元素中。记住，头脑中时刻要想着项目竣工后人们会如何使用这个空间，如何与之发生互动。

景观实录：有没有什么人曾经深刻地影响到您对城市环境更新设计的理解？您对这类公共环境的期望是什么？

科克里：以历史人物来说，弗雷德里克•奥姆斯特德（Fredrick Law Olmsted）对于景观设计师结合创新设计与政治技能的尝试，带给我巨大的启发。纽约中央公园（Central Park）充分证明，深刻理解人们会如何使用一个空间是多么的至关重要。

现代景观设计师里面，詹姆斯•科纳（James Corner）一直在用他的设计证明他是如何根据每个项目用地的具体情况来灵活开展设计的。他的作品从纽约高线公园（High Line）到斯塔顿岛利用大片垃圾填埋场开发的弗莱士河公园（Freshkills Park），不一而足。此外，WMA建筑事务所（Weiss Manfredi Architects）对于他们设计的建筑所在的环境非常关注，两个项目足以证明：布鲁克林植物园游客中心（Brooklyn Botanic Garden's Visitor Centre）和西雅图奥林匹克雕塑花园（Olympic Sculpture Garden）。

景观实录：线性公园设计的特点和局限性在哪里？线性公园与其他几何造型的公园相比，设计上有什么区别？

科克里：线性公园的关键特点是，相对于公园的总体面积来说，它拥有很长的边界空间，对设计师来说，这个界面既是机遇也是挑战。比起相同面积的方形公园，线性公园在开放性上就拥有更大的潜力，让更多人能够使用。这种界面可以通过布置一些附近居民可以方便使用的设施来激活。线性公园也为漫长的步行道和自行车道提供了存在的可能，这些道路可以将公园与周围住宅区的道路交通网连在一起。

拉贝鲁兹岬项目。

景观实录：接到线性公园的项目后，您首先会考虑什么？

科克里：首先考虑的是这个线性公园在城区中所处的环境以及该地的物质及文化遗产的价值。比如我们的拉贝鲁兹岬（La Perouse Headland）这个项目，我们的前期调查研究确认了用地对于当地土著居民以及欧洲人的重要意义。从拉贝鲁兹岬到1770年库克船长（Captain Cook）在博特尼湾登陆的地方再到远处的大海，我们需要保持景观的自由视野不受阻碍。我们使用了预浇筑混凝土护柱，将滨海大道上的行人与在拉贝鲁兹岬附近行驶的车辆分隔开来，同时削弱了新增基础设施的视觉存在感。

拉贝鲁兹岬项目。

景观实录：线性公园的设计有哪些元素要考虑？有什么原则或策略吗？

科克里：我怀疑是否存在完美的设计。有很多不错的设计方案，偶尔也有让人眼前一亮的优秀设计。最好的设计是这样的：在清晰地理解项目周围环境的基础上，将用地特色与人们未来使用这个空间的构想进行创意的结合。

景观实录：很多城市都有从住宅区里穿行而过的线性公园，房屋面向街道，背靠公园。线性公园能带给我们哪些好处？

科克里：线性公园跟周围住宅区之间有一个很长的相邻界面，这意味着拉近了公园与很多人的距离。不过，要想建立公园与住宅之间良好的关系，住房应该是面向公园的，中间隔一条车流量比较小的马路。这样，更多的人才能利用公园，也有利于监管，提升安全性。

景观实录：项目所在地当地的气候（比如降雨和高温）是否会对您的设计造成影响？对您的材料选择有什么影响？

科克里：在当地气候方面，可能澳洲最需要考虑的问题就是如何确保夏季有足够的阴凉。方法包括使用遮阳设施以及栽种能遮阴的树木。

景观实录：线性公园设计中有哪些难题？您是如何解决这些难题的？

科克里：最大的难题就是边界界面的管理，因为这里的使用频率最高。如果这个线性公园里有具有较高生态价值的植被，就需要特别控制边界界面的侵入性杂草和野生动物。

景观实录：如今人们居住的地方越来越狭小、密集，您认为线性公园未来会更流行吗？

科克里：随着城区环境越来越密集，方便人们使用的公共空间体系设计就变得愈加重要。线性公园拥有衔接区域性大型公园和文娱设施的潜能。线性公园里沿河道或溪流甚至可以有河岸地带。

景观实录：您对景观设计中区域特色的体现怎么看？

科克里：对于公园和其他开放式公共空间的设计，理解区域特色并将其融入景观设计，十分必要。

景观实录：您最近读了什么书？有没有什么书推荐？

科克里：劳特里奇出版社（Routledge）2017年出版的《设计中的景观理论》（Landscape Theory in Design），作者是苏珊•哈林顿（Susan Harrington）。这本书梳理了各种设计理念和理论，对于景观专业的学生来说是一本很好的入门书，对景观行业从业者来说也是很有价值的参考资料。泰晤士&赫德逊出版社（Thames and Hudson）2016年出版的《景观设计进程》（The Course of Landscape Architecture），作者是克里斯多夫•吉鲁特（Christophe Girot），生动地介绍了景观设计的历史。

景观实录：最后，回顾您几十年的设计生涯，您对有意踏入景观设计行业的年轻人有什么建议？

科克里：首先我想说，未来几十年内景观设计师拥有无限的机遇，包括从项目类型的多样性上以及从景观设计师扮演的角色上。对我来说，景观设计最伟大的一点就是，它能定义你如何观察这个世界。你不论去到哪里，不管是城市还是乡村，你总是在观察和思考周围的景观环境。我建议年轻的景观设计师保持好奇心，在任何问题上不要不经思索地接受所谓大众普遍接受的观点。要去挑战那些既定观点，形成你自己的视角和见解。总而言之，保持勇气，坚持不懈。

线性公园：视觉和实体的双重衔接

——访美国景观设计师谢丽尔·巴顿

谢丽尔·巴顿

谢丽尔·巴顿（Cheryl Barton），美国景观建筑师协会会员（FASLA），罗马美国学院会员（FAAR），旧金山OICB设计工作室（OICB Studio）创始人。巴顿的工作室侧重城市环境和生态系统的修复设计，包括绿色基础设施、公园、绿地、校园和滨水景观等。巴顿是国际景观设计界转向"弹性景观"潮流的先驱者，她的获奖作品将创新设计与"环境适应"的理念完美结合。工作室承接包括公共和私人客户的委托，为其带来更好的居住体验，改造废弃的景观，拉近与自然的距离。巴顿毕业于哈佛大学设计研究生院（GSD），获景观设计专业硕士学位，是旧金山海湾保护与发展委员会设计审核部的成员。

景观实录：线性公园设计的特点和局限性在哪里？

巴顿：线性公园是景观的一个横断面。线性公园就像拉链或者接缝线，通过有趣的方式，将不同的文化和自然区域衔接起来。从一个侧面来说，线性公园也能体现出邻近区域之间的差异和不协调。它能将破碎的自然和城市体系织补起来，创造出新的、离我们更近的生态环境。

景观实录：线性公园与其他几何造型的公园相比，设计上有什么区别？

巴顿：线性公园很容易变成城市体系的一部分，是一种动态的绿色基础设施。因为它是线性的，所以在空间的编排上需要更加深思熟虑。

做线性公园的设计师常常会面对来自外部的很多令人头疼的问题，比如来自公共机构的介入、土地私有权问题、地形和水文问题、光照和防风、地下污染、毗邻土地的使用和滥用，等等。这些问题需要大量的时间去处理和解决。线性公园是很容易出现争议的一类景观。

美国俄勒冈州波特兰市田野公园（Fields Park）。

美国俄勒冈州波特兰市田野公园（Fields Park）。

景观实录：接到线性公园的项目后，您首先会考虑什么？

巴顿：什么样的环境？什么人要用？这个线性公园会存在于什么样的文化和自然背景中？沿途有哪些特色"景点"可以用来强化环境体验？这种体验的节奏或者韵律应该是怎样的？起始点和终点要怎样设计？中间有没有出入口？有没有什么统一的元素来贯穿并激活整个线性空间？

景观实录：线性公园的设计有哪些元素要考虑？有什么原则或策略吗？

巴顿：可以将日本的"侘寂之美"（wabi-sabi）视为一种策略——欣赏那些不完善、不圆满、不恒久的残缺之美。非对称、粗糙、朴素、简约的造型；欣赏自然物那种朴素的完整性；理解人类活动的本质。

景观实录：在线性公园的设计中，如何让各种材料和元素协调配合？线性公园在城市景观设计中扮演着怎样的角色？

巴顿：关于材料，设计一个"结构框架"，用几种材料重复"填充"，在适当的地方嵌入活动区，营造出视觉上的韵律。关于线性公园扮演的角色，它是视觉和实体上的双重衔接。

景观实录：线性公园设计中有哪些难题？您是如何解决这些难题的？

巴顿：最主要的难题——跟大多数公园一样——是复杂的土地所有权和（或）不同的行政辖区有关公园养护责任的不同规定，也就是，未来由谁来维护公园？维护的资金从何而来？

景观实录：如今人们居住的地方越来越狭小、密集，您认为线性公园未来会更流行吗？

巴顿：线性公园会变得更有必要，而不是更流行。在很多城区，街道已经是最后的公共环境/社交空间。

景观实录：您现在对什么项目感兴趣？最近读了什么书？有没有什么书推荐？

巴顿：我们正在做一个高原沙漠地区的社区项目，是一个生态小区，这个项目还是比较令人感兴趣、具有启发性的。区域性景观会沿着"城市走廊"进入城区。街道将成为线性公园和社交空间，将更大的公园、步道和广场衔接起来，同时也为各类交通服务。这种新型的公共环境将营造出"城市森林"——市区树冠覆盖面将增加275%。推荐的书，可以读一读亚当•格林菲尔德（Adam Greenfield）的《反智能城市》（Against the Smart City）。

美国俄勒冈州波特兰市田野公园（Fields Park）。